U0330623

建筑设计规范常用条文速查手册

（第三版）

虞　朋　虞献南　编

中国建筑工业出版社

图书在版编目（CIP）数据

建筑设计规范常用条文速查手册/虞朋，虞献南编．
3版．—北京：中国建筑工业出版社，2010.11
ISBN 978-7-112-12426-8

Ⅰ．①建…　Ⅱ．①虞…②虞…　Ⅲ．①建筑设计-
建筑规范-中国-手册　Ⅳ．①TU202-62

中国版本图书馆 CIP 数据核字（2010）第 171579 号

责任编辑：丁洪良　李　阳
责任设计：肖　剑
责任校对：姜小莲　赵　颖

建筑设计规范常用条文速查手册
（第三版）
虞　朋　虞献南　编
*
中国建筑工业出版社出版、发行（北京西郊百万庄）
各地新华书店、建筑书店经销
霸州市顺浩图文科技发展有限公司制版
北京市密东印刷有限公司印刷
*
开本：850×1168 毫米　1/32　印张：6　字数：178 千字
2010 年 11 月第三版　2014 年 8 月第十八次印刷
定价：**20.00** 元
ISBN 978-7-112-12426-8
（19681）

前　言

本手册第二版出版后的近四年来，建筑设计规范的更新进入了一个相对稳定的时期。但是，此间还是有几本规范进行了改版，如《人民防空工程设计防火规范》、《地下工程防水技术规范》、《办公建筑设计规范》、《锅炉房设计规范》等。2009 年住房和城乡建设部和公安部还联合发布了《民用建筑外保温系统及外墙装饰防火暂行规定》。为更好地服务广大读者，我们决定以此为契机对本手册第二版进行修订。

本次修订包括以下内容：

1. 结合新版规范涉及本手册的相关条款及手册第二版出版以来收集到的各方反馈信息，对手册内容进行全面修整和补充。

2. 突出本手册的特色，细化目录。对涉及门窗防火设置及建筑中设置防火门部位的章节进行改编，使其查阅更加便捷。

3. 新增以下内容：

（1）建筑定额、面积指标、建筑面积计算规定等常用数据、资料；

（2）有关卫生间的常用规范条文；

（3）建筑外墙装修和室内装修材料的燃烧性能等级规定。

4. 删除“强制性条文”标示。

编者认同和赞赏“规范全部条文为强制性条文，必须严格执行”的原则立场。“严格”的程度不同，在规范用词说明中亦有严谨而明确的界定。当前一些从业人员甚至专业部门置此不顾，唯“强条”是从的做法是不可取的。经再三考虑，决定在本手册中不再标示“强制性条文”，希望得到大家的理解。

愿新版手册给你的工作带来新成就。

目　　录

1 名词解释

1 建筑物体形系数（S）：建筑物与室外接触的外表面积与其所包围的体积的比值（外表面积中不包括地面和不采暖楼梯间隔墙和户门的面积）。

北京市《居住建筑节能设计标准》2.0.5

2 容积率：$容积率=\frac{总建筑面积（地上）}{建筑用地面积}$

《城市规划基本术语标准》5.0.9

（北京市规定：地下车库及架空空间可不包括在总建筑面积内，但地下人防面积应包括在内。可将容积率按包括地下与不含地下做两个值。如在小区中设有“开放空间”主管部门对容积率放宽掌握。

深圳：半地下室（房间净高地上高度≥1.5m）以上计入总面积。

上海：半地下室（房间净高地上高度≥1.0m）以上计入总面积。——编者注）

3 建筑红线（又称建筑控制线）：城市道路两侧控制沿街建筑物或构筑物（如外墙、台阶等）靠临街面的界线。

《城市规划基本术语标准》5.0.12

有关法规或详细规划确定的建筑物、构筑物的基本位置不得超出的界线。

《通则》2.0.9

4 用地红线：各类建筑工程项目用地的使用权属范围的边界线。

《通则》2.0.8

5 道路红线：规划的城市道路路幅的边界线。

《城市规划基本术语标准》5.0.11

6 建筑密度：$建筑密度=\frac{建筑基底总面积}{建筑用地面积}$

《城市规划基本术语标准》5.0.10

7　建筑高度：建筑物室外地面到其檐口或屋面面层的高度。屋顶上的水箱间、电梯机房、排烟机房和楼梯出口小间等不计入高度。

《高规》2.0.2

建筑高度的计算：当为坡屋面时，应为建筑物室外设计地面到其檐口的高度；当为平屋面（包括有女儿墙的平屋面）时，应为建筑物室外设计地面到其屋面面层的高度；当同一座建筑物有多种屋面形式时，建筑高度应按上述方法分别计算后取其中最大值。局部突出屋顶的瞭望塔、冷却塔、水箱间、微波天线间或设施、电梯机房、排风和排烟机房以及楼梯出口小间等，可不计入建筑高度内。

《防规》1.0.2 注 1

建筑高度控制的计算应符合下列规定：

（1）控制区内建筑高度，应按建筑物室外地面至建筑物和构筑物最高点的高度计算；

（2）非控制区内建筑高度：平屋顶应按建筑物室外地面至其屋面面层或女儿墙顶点的高度计算；坡屋顶应按建筑物室外地面至屋檐和屋脊的平均高度计算；下列突出物不计入建筑高度内；

① 局部突出屋面的楼梯间、电梯机房、水箱间等辅助用房占屋顶平面面积不超过 1/4 者；

② 突出屋面的通风道、烟囱、装饰构件、花架、通信设施等；

③ 空调冷却塔等设备。

《通则》4.3.2

（编者注：

1 《通则》条文中的建筑高度控制区系指城市规划行政主管部门和有关专业部门规定的历史文化名城或保护区、文物保护单位、风景名胜区及机场、电台、电信、微波通信、气象台、卫星地面站、军事要塞等技术作业控制区。

2 以上关于建筑高度的计算规定，同为国标的两本规范有明显的不一致。笔者认为，在有关部门采取措施统一规定前，设计过程中，除应对消防问题可搬用《防规》有关建筑高度计算的条款外，在正式设计文件中建筑高度的标注宜采用《通则》的相关规定。

另外，建筑高度的标注只注明建筑高点选取部位，如：女儿墙顶或檐口部位及其高度值，由相关部门去认定建筑高度，这亦是一种可供选择的标注方式。）

8　日照标准：根据建筑物所处的气候区、城市规模和建筑物的使用性质确定的，在规定的日照标准日（冬至或大寒日）的有效日照时间范围内，以建筑底层窗台面为计算起点的外窗获得的日照时间。

《通则》2.0.13

住宅建筑日照标准　　**表 1-1**

<table>
<tr><td rowspan="2">建筑气候区划</td><td colspan="2">Ⅰ、Ⅱ、Ⅲ、Ⅶ气候区</td><td colspan="2">Ⅳ气候区</td><td rowspan="2">Ⅴ、Ⅵ
气候区</td></tr>
<tr><td>大城市</td><td>中小城市</td><td>大城市</td><td>中小城市</td></tr>
<tr><td>日照标准日</td><td colspan="3">大寒日</td><td colspan="2">冬至日</td></tr>
<tr><td>日照时数(h)</td><td>≥2</td><td colspan="2">≥3</td><td colspan="2">≥1</td></tr>
<tr><td>有效日照时间带(h)</td><td colspan="3">8～16</td><td colspan="2">9～15</td></tr>
<tr><td>日照时间计算起点</td><td colspan="5">底层窗台面</td></tr>
</table>

注：老年人居住建筑不应低于冬至日 2h 的标准。

《城市居住区规划设计规范》5.0.2；

《住宅规范》4.1.1

9　安全出口：供人员安全疏散用的楼梯间、室外楼梯的出入口或直通室内外安全区域的出口。

《防规》2.0.17

保证人员安全疏散的楼梯或直通室外地平面的出口。

《高规》2.0.15

10　地下室：房间地坪面低于室外地坪面的高度超过该房间净高一半者。

半地下室：房间地坪面低于室外地坪面的高度超过该房间净高的 1/3，但不超过 1/2 者。

《防规》、《高规》术语

11　封闭楼梯间：用建筑构配件分隔，能防止烟和热气进入的楼梯间。

《防规》2.0.18

12　防烟楼梯间：在楼梯入口处设有防烟前室或专供排烟用的阳台、凹廊等，且通向前室和楼梯间的门均为乙级防火门的楼梯间。

《防规》2.0.19

13　单元式高层住宅：由多个居住单元组合而成，每单元均设有楼梯、电梯的高层住宅。

塔式高层住宅：以共用楼梯、电梯为核心，布置多套住房（长高比小于1）的高层住宅。

通廊式高层住宅：由共用楼梯、电梯通过内、外廊进入各套住房的高层住宅。

《住宅设计规范》2.0.22

跃层住宅：套内空间跨跃两楼层及以上的住宅。

《住宅设计规范》2.0.17

14　板式建筑：主要朝向建筑长度大于次要朝向建筑长度2倍以上的建筑。

塔式建筑：长高比小于1的建筑（其各朝向均为长边。不规则平面，其长度均以突出部分计算，不含阳台）

《技术措施》2.4.4

15　歌舞娱乐放映游艺场所：含歌舞厅、录像厅、夜总会、放映厅、卡拉OK厅（含具有卡拉OK功能的餐厅）、游艺厅（含电子游艺厅）、桑拿浴室（洗浴部分除外）、网吧等。

《高规》4.1.5A，《防规》5.1.14

16　重要的公共建筑：人员密集、发生灾害后损失大、影响大、伤亡大的公共建筑。

《防规》2.0.13

17　裙房：与高层建筑相连的建筑高度不超过24m的附属建筑。

《高规》2.0.1

（高层建筑的底边至少有一个长边或周边长度的1/4且不少于一个长边长度，不应布置高度大于5m、进深大于4m的裙房，且在此范围内必须设有直通室外的楼梯。）

《高规》4.1.7

18　机械式立体汽车库：室内无车道且无人员停留的、采用机械设备进行垂直或水平移动等形式停放汽车的车库。

《汽车库防规》2.0.6

19　复式汽车库：室内有车道、有人员停留的，同时采用机械设备传送、在一个建筑层中叠 2～3 层存放车辆的汽车库。

《汽车库防规》2.0.7

20　汽车最小转弯半径：

汽车回转时，汽车前轮外侧循圆曲线行走轨迹之半径。

《汽车库建筑设计规范》2.0.2

汽车库内汽车最小转弯半径：

微型车：4.5m

小型车：6.0m

轻型车：6.5～8.0m

中型车：8.0～10.0m

大型车：10.5～12.0m

《汽车库建筑设计规范》4.1.9

21　避难层：建筑高度超过 100m 的高层建筑，为消防安全专门设置的供人员疏散避难的楼层。

《通则》2.0.19

首层至第一个避难层或两个避难层之间不宜超过 15 层。

《高规》6.1.13

架空层：仅有结构支撑而无外围护结构的开敞空间。

《通则》2.0.20

22　（人防）防护单元：在防空地下室中，其防护设施和内部设备均能自成体系的内部空间。

《人防规范》2.1.17

23　（人防）密闭通道：由防护密闭门与密闭门之间或两道密闭门之间所构成的、仅依靠密闭隔绝作用阻挡毒剂侵入室内的密闭空间。在室外染毒情况下，不允许人员出入的通道。

《人防规范》2.1.39

24 （人防）防毒通道： 由防护密闭门与密闭门之间或两道密闭门之间所构成的、具有通风换气条件、依靠超压排风阻挡毒剂侵入室内的空间。在室外染毒情况下，允许人员出入的通道。

《人防规范》2.1.40

25 （人防）室外出入口： 通道的出地面段、敞开段（无顶盖段）位于防空地下室上部建筑投影范围以外的出入口。

《人防规范》2.1.24

26 （人防）避难走道： 人防各防火分区之间设置有防烟等设施，用于人员安全通行至室外出口的疏散走道。

《人防防规》2.0.11，5.2.3，5.2.4

27 安全玻璃： 指破坏时安全破坏，应用和破坏时给人的伤害达到最小的玻璃，包括符合国家标准 GB 9962 规定的夹层玻璃、符合 GB 9963 规定的钢化玻璃和符合 GB 15763.1 规定的防火玻璃以及由它们构成的复合产品。

《建筑玻璃应用技术规程》2.1.18

28 倒置式屋面： 将保温层设置在防水层上面的屋面。

倒置式屋面的防水等级应不低于Ⅱ级。其保温层必须有足够的强度和耐水性（应采用挤压式聚苯板或发泡聚氨酯），保温层上应设保护层。

《细则》7.3.5

29 居住建筑： 居住建筑包括居民住宅、公寓、托儿所、幼儿园、医疗病房楼、集体宿舍、招待所、旅馆等。

北京市《居往建筑节能设计标准》1.0.2 条；

《88 城规发字第 225 号》文

30 高层建筑： 10 层及 10 层以上的居住建筑；建筑高度超过 24m 但未超过 250m 的公共建筑。

《高规》1.0.3，1.0.5

住宅顶部设有 2 层一套的跃层时，其跃层部分不计入层数内。底部层高不超过 2.20m 的储藏室、自行车库等小隔间也不计入层数中。

《防规》1.0.2 条文说明

2 建筑分类、耐火等级及装修材料的燃烧性能等级

2.1 建筑分类

2.1.1 建筑防火分类

1 高层建筑：根据其使用性质、火灾危险性及疏散扑救难度分为以下两类：

（1）一类建筑：高级住宅及≥19层的普通住宅；

医院、高级旅馆（除建筑高度不超过50m的3～6级高层旅馆外的其余高层旅馆。《旅馆建筑设计规范》4.0.2）；

建筑高度超过50m或24m以上部分的任一楼层的建筑面积超过1000m^{2}的商业楼、展览楼、综合楼、电信楼、财贸金融楼；

建筑高度超过50m或24m以上部分的任一楼层的建筑面积超过1500m^{2}的商住楼；

中央和省级广播电视楼；

网局级和省级电力调度楼；

省级邮政楼、防灾指挥调度楼；

藏书超过100万册的图书馆及书库；

重要的办公楼、科研楼、档案楼；

建筑高度超过50m的教学楼、办公楼、科研楼、档案楼及普通旅馆。

（2）二类建筑：10～18层的住宅及除一类建筑以外的其余高层公建。

《高规》3.0.1

2 厂房、库房：根据其生产和储存物品的火灾危险性分类。

（1）厂房的火灾危险性分类见表 2-1。

生产的火灾危险性分类 **表 2-1**

生产类别	火灾危险性特征
甲	使用或产生下列物质的生产： 1. 闪点<28℃的液体 2. 爆炸下限<10%的气体 3. 常温下能自行分解或在空气中氧化即能导致迅速自燃或爆炸的物质 4. 常温下受到水或空气中水蒸气的作用，能产生可燃气体并引起燃烧或爆炸的物质 5. 遇酸、受热、撞击、摩擦、催化以及遇有机物或硫磺等易燃的无机物，极易引起燃烧或爆炸的强氧化剂 6. 受撞击、摩擦或与氧化剂、有机物接触时能引起燃烧或爆炸的物质 7. 在密闭设备内操作温度等于或超过物质本身自燃点的生产
乙	使用或产生下列物质的生产： 1. 闪点≥28℃至<60℃的液体 2. 爆炸下限≥10%的气体 3. 不属于甲类的氧化剂 4. 不属于甲类的化学易燃危险固体 5. 助燃气体 6. 能与空气形成爆炸性混合物的浮游状态的粉尘、纤维、闪点≥60℃的液体雾滴
丙	使用或产生下列物质的生产： 1. 闪点≥60℃的液体 2. 可燃固体
丁	具有下列情况的生产： 1. 对非燃烧物质进行加工，并在高热或熔化状态下经常产生强辐射热、火花或火焰的生产 2. 利用气体、液体、固体作为燃料或将气体、液体进行燃烧作其他用的各种生产 3. 常温下使用或加工难燃烧物质的生产
戊	常温下使用或加工不燃烧物质的生产

《防规》3.1.1

（2）库房的火灾危险性分类见表2-2。

储存物品的火灾危险性分类 **表2-2**

储存物品类别	火灾危险性的特征
甲	1. 闪点<28℃的液体 2. 爆炸下限<10%的气体，以及受到水或空气中水蒸气的作用，能产生爆炸下限<10%气体的固体物质 3. 常温下能自行分解或在空气中氧化即能导致迅速自燃或爆炸的物质 4. 常温下受到水或空气中水蒸气的作用能产生可燃气体并引起燃烧或爆炸的物质 5. 遇酸、受热、撞击、摩擦以及遇有机物或硫磺等易燃的无机物，极易引起燃烧或爆炸的强氧化剂 6. 受撞击、摩擦或与氧化剂、有机物接触时能引起燃烧或爆炸的物质
乙	1. 闪点≥28℃至<60℃的液体 2. 爆炸下限≥10%的气体 3. 不属于甲类的氧化剂 4. 不属于甲类的化学易燃危险固体 5. 助燃气体 6. 常温下与空气接触能缓慢氧化，积热不散引起自燃的物品
丙	1. 闪点≥60℃的液体 2. 可燃固体
丁	难燃烧物品
戊	不燃烧物品

《防规》3.1.3

（3）同一座厂房、库房或厂房、库房的任一防火分区内有不同火灾危险性生产时，该厂房或防火分区内的生产火灾危险性分类应按火灾危险性较大的部分确定。当符合下述条件之一时，可按火灾危险性较小的部分确定：

① 火灾危险性较大的生产部分占本层或本防火分区面积的比例小于5%或丁、戊类厂房内的油漆工段小于10%，且发生火灾事故时不足以蔓延到其他部位或火灾危险性较大的生产部分采取了有效的防火措施；

② 丁、戊类厂房内的油漆工段，当采用封闭喷漆工艺，封闭喷漆空间内保持负压、油漆工段设置可燃气体自动报警系统或自动抑爆系统，且油漆工段占其所在防火分区面积的比例小于等

于20%。

《防规》3.1.2，3.1.4

（4）锅炉房的锅炉间属于丁类生产厂房，油箱间、油泵间和油加热器间属于丙类生产厂房，燃油调压间属于甲类生产厂房。

《锅炉房设计规范》13.1.1

3 汽车库防火分类见表2-3。

汽车库防火分类 **表2-3**

	Ⅰ类（大型库）	Ⅱ类（中型库）	Ⅲ类（中型库）	Ⅳ类（小型库）
汽车库（辆）	＞300	150～300	51～150	≤50
修车库（车位）	＞15	6～15	3～5	≤2
停车场（辆）	＞400	251～400	101～250	≤100

《汽车库防规》3.0.1

2.1.2 建筑高度分类

1 高层建筑：综合性建筑及公共建筑（不含单层公共建筑）总高度超过24m者。

《通则》3.1.2

2 超高层建筑：建筑高度超过100m的民用建筑。

《通则》3.1.2

3 住宅：1～3层为低层住宅；4～6层为多层住宅；7～9层为中高层住宅；10层以上为高层住宅。

《通则》3.1.2

2.1.3 建筑耐久年限分类

以主体结构确定的建筑耐久年限共分为四类：

4类 100年 适用于纪念性建筑和特别重要的建筑

3类 50年 适用于一般性建筑和构筑物

2类 25年 适用于易于替换结构构件的建筑

1类 5年 适用于临时性建筑

2.1.4 工程规模分类

1 汽车库：特大型：＞500辆

大　型：301～500 辆
中　型：51～300 辆
小　型：<50 辆

《汽车库设计规范》1.0.4

2 商店（见表 2-4）：

商 店 分 类 **表 2-4**

规　模	百货商店、商场(m^2)	专业商店(m^2)
大型	>15000	>5000
中型	3000～15000	1000～5000
小型	<3000	<1000

《商店建筑设计规范》1.0.4

3 电影院（见表 2-5）：

电 影 院 分 类 **表 2-5**

<table>
<tr><th colspan="2">规　模</th><th>耐久年限</th><th>耐火等级</th><th>观众厅</th></tr>
<tr><td>特大型(特等)</td><td>1800 座以上</td><td rowspan="3">≥50 年</td><td rowspan="4">≥二级</td><td>≥11 个</td></tr>
<tr><td>大型(甲等)</td><td>1200～1800 座</td><td>8～10 个</td></tr>
<tr><td>中型(乙等)</td><td>701～1200 座</td><td>5～7 个</td></tr>
<tr><td>小型(丙等)</td><td>700 座以下</td><td>≥25 年</td><td>4 个</td></tr>
</table>

《电影院建筑设计规范》4.1.1，4.1.2

4 体育建筑：
特级：亚运会、奥运会及世界级比赛主场馆。
甲级：全国性及单项国际比赛主场馆。
乙级：地区性和全国性单项比赛场馆。
丙级：地方性、群众性运动会用场馆。

《体育建筑设计规范》1.0.7

5 剧场：
特大型：1601 座以上
大型：1201～1600 座
中型：801～1200 座

小型：300～800座

话剧、戏曲剧场不宜超过1200座，歌舞剧场不宜超过1800座。

《剧场建筑设计规范》1.0.4

2.1.5 设备和设施标准分类

旅馆按设备和设施标准分为6个等级（见表2-6）。

《旅馆建筑设计规范》1.0.3，3.2.2，3.2.3

旅 馆 分 级 **表2-6**

旅馆等级		一级	二级	三级	四级	五级	六级
设乘客电梯		≥3层	≥3层	≥4层	≥6层	≥7层	≥7层
客房净面积（m^2）	单床间	12	10	9	8	—	—
	双床间	20	16	14	12	12	10
	多床间	—	—	—	（每床不小于4.0m^2）		
卫生间	净面积（m^2）	≥5.0	≥3.5	≥3.0	≥3.0	≥2.5	—
	卫生器具(件)	≥3	≥3	≥3	≥2	≥2	—

注：设计旅游涉外饭店时应有符合有关标准的星级目标。

《旅馆建筑设计规范》1.0.4

2.1.6 地下人防工程分类

1 甲类防空地下室：满足战时对核武器、常规武器和生化武器的各项预定防护要求的地下防空工程。

防核武器抗力级别分别为：核4级、核4B级、核5级、核6级及核6B级。

2 乙类防空地下室：满足战时对常规武器和生化武器的各项预定防护要求的地下防空工程。

防常规武器的抗力级别分别为常5级和常6级。

《人防设计规范》1.0.2，1.0.4

2.1.7 公共建筑节能设计建筑分类

单幢建筑面积大于20000m^2且全面设置空调系统的建筑为甲类建筑，其他为乙类建筑。

《公共建筑节能设计标准》3.1.3

2.2 耐火等级

2.2.1 一般民用建筑的耐火等级

1 民用建筑的耐火等级共分为四级，其各部构件燃烧性能和耐火极限规定如表2-7所示。

《防规》5.1.1

建筑物构件的燃烧性能和耐火极限（h） **表2-7**

构件名称		耐火等级			
		一级	二级	三级	四级
墙	防火墙	不燃烧体 3.00	不燃烧体 3.00	不燃烧体 3.00	不燃烧体 3.00
	承重墙	不燃烧体 3.00	不燃烧体 2.50	不燃烧体 2.00	难燃烧体 0.50
	非承重外墙	不燃烧体 1.00	不燃烧体 1.00	不燃烧体 0.50	燃烧体
	楼梯间的墙 电梯井的墙 住宅单元之间的墙 住宅分户墙	不燃烧体 2.00	不燃烧体 2.00	不燃烧体 1.50	难燃烧体 0.50
	疏散走道两侧的隔墙	不燃烧体 1.00	不燃烧体 1.00	不燃烧体 0.50	难燃烧体 0.25
	房间隔墙	不燃烧体 0.75	不燃烧体 0.50	难燃烧体 0.50	难燃烧体 0.25
柱		不燃烧体 3.00	不燃烧体 2.50	不燃烧体 2.00	难燃烧体 0.50
梁		不燃烧体 2.00	不燃烧体 1.50	不燃烧体 1.00	难燃烧体 0.50
楼板		不燃烧体 1.50	不燃烧体 1.00	不燃烧体 0.50	燃烧体
屋顶承重构件		不燃烧体 1.50	不燃烧体 1.00	燃烧体	燃烧体
疏散楼梯		不燃烧体 1.50	不燃烧体 1.00	不燃烧体 0.50	燃烧体
吊顶（包括吊顶搁栅）		不燃烧体 0.25	难燃烧体 0.25	难燃烧体 0.15	燃烧体

注：① 除规范另有规定者外，以木柱承重且以不燃烧材料作为墙体的建筑物，其耐火等级应按四级确定。

② 二级耐火等级建筑的吊顶采用不燃烧体时，其耐火极限不限。

③ 在二级耐火等级的建筑中，面积不超过100m^{2}的房间隔墙，如执行本表的规定确有困难时，可采用耐火极限不低于0.30h的不燃烧体。

④ 一、二级耐火等级建筑疏散走道两侧的隔墙，按本表规定执行确有困难时，可采用耐火极限不低于0.75h的不燃烧体。

2 地下、半地下建筑（室）的耐火等级应为一级；

重要的公共建筑（详见"名词解释"第16条）的耐火等级不应低于二级。

《防规》5.1.8

3 使用或储存贵重仪表机器等设备物品的建筑应为一级耐火等级的建筑。

《防规》3.3.4

4 三级耐火等级的下列建筑或部位的吊顶，应采用不燃烧体或耐火极限不低于0.25h的难燃烧体：

（1）医院、疗养院、中小学校、老年人建筑及托儿所、幼儿园的儿童用房和儿童游乐厅等儿童活动场所；

（2）3层及3层以上建筑中的门厅、走道。

《防规》5.1.6

5 二级耐火等级的建筑，当房间隔墙采用难燃烧体时，其耐火极限应提高0.25h。

《防规》5.1.2

2.2.2 高层建筑耐火等级

1 高层建筑的耐火等级分为一级和二级，其各部构件燃烧性能和耐火极限见表2-8。

《高规》3.0.2

建筑构件的燃烧性能和耐火极限　　表2-8

构件名称 \ 燃烧性能和耐火极限(h)		耐火等级	
		一级	二级
墙	防火墙	不燃烧体3.00	不燃烧体3.00
	承重墙，楼梯间、电梯井和住宅单元之间的墙及住宅分户墙	不燃烧体2.00	不燃烧体2.00
	非承重外墙、疏散走道两侧的隔墙	不燃烧体1.00	不燃烧体1.00
	房间隔墙	不燃烧体0.75	不燃烧体0.50

续表

构件名称 \ 燃烧性能和耐火极限(h)	耐火等级	
	一级	二级
柱	不燃烧体 3.00	不燃烧体 2.50
梁	不燃烧体 2.00	不燃烧体 1.50
楼板、疏散楼梯、屋顶承重构件	不燃烧体 1.50	不燃烧体 1.00
吊顶	不燃烧体 0.25	难燃烧体 0.25

2 一类高层建筑及高层建筑的地下室耐火等级均应为一级。

二类高层建筑及高层建筑的裙房耐火等级不应低于二级。

《高规》3.0.4

3 屋顶采用金属承重结构时，其吊顶、望板、保温材料等均应采用不燃烧材料，屋顶金属承重构件应采用外包敷不燃烧材料或喷涂防火涂料等措施，并应符合本手册表 2-8 规定的耐火极限，或设置自动喷水灭火系统。

《高规》5.5.1

4 高层建筑的中庭屋顶承重构件采用金属结构时，应采取外包敷不燃烧材料、喷涂防火涂料等措施，其耐火极限不应小于 1.00h，或设置自动喷水灭火系统。

《高规》5.5.2

2.2.3 住宅建筑耐火等级

1 住宅建筑耐火等级划分见表 2-9。

《住宅规范》9.2.1

2 四级耐火等级的住宅不得超过 3 层；

三级耐火等级的住宅不得超过 9 层；二级耐火等级的住宅建筑最多允许建造层数为 18 层。

《住宅规范》9.2.2

住宅建筑构件的燃烧性能和耐火极限（h）　　表 2-9

构件名称		耐火等级			
		一级	二级	三级	四级
墙	防火墙	不燃性 3.00	不燃性 3.00	不燃性 3.00	不燃性 3.00
	非承重外墙、疏散走道两侧的隔墙	不燃性 1.00	不燃性 1.00	不燃性 0.75	难燃性 0.75
	楼梯间的墙、电梯井的墙、住宅单元之间的墙、住宅分户墙、承重墙	不燃性 2.00	不燃性 2.00	不燃性 1.50	难燃性 1.00
	房间隔墙	不燃性 0.75	不燃性 0.50	难燃性 0.50	难燃性 0.25
柱		不燃性 3.00	不燃性 2.50	不燃性 2.00	难燃性 1.00
梁		不燃性 2.00	不燃性 1.50	不燃性 1.00	难燃性 1.00
楼板		不燃性 1.50	不燃性 1.00	不燃性 0.75	难燃性 0.50
屋顶承重构件		不燃性 1.50	不燃性 1.00	难燃性 0.50	难燃性 0.25
疏散楼梯		不燃性 1.50	不燃性 1.00	不燃性 0.75	难燃性 0.50

注：表中的外墙指除外保温层外的主体构件。

2.2.4　汽车库、修车库耐火等级

汽车库、修车库的耐火等级共分为三级，其各部构件的燃烧性能和耐火极限规定见表 2-10。

《汽车库防规》3.0.2

建筑物构件的燃烧性能和耐火极限　　表 2-10

构件名称 \ 燃烧性能和耐火极限(h) \ 耐火等级		一级	二级	三级
墙	防火墙	不燃烧体 3.00	不燃烧体 3.00	不燃烧体 3.00
	承重墙、楼梯间的墙、防火隔墙	不燃烧体 2.00	不燃烧体 2.00	不燃烧体 2.00
	隔墙、框架填充墙	不燃烧体 0.75	不燃烧体 0.50	不燃烧体 0.50
柱	支承多层的柱	不燃烧体 3.00	不燃烧体 2.50	不燃烧体 2.50
	支承单层的柱	不燃烧体 2.50	不燃烧体 2.00	不燃烧体 2.00
梁		不燃烧体 2.00	不燃烧体 1.50	不燃烧体 1.00
楼板		不燃烧体 1.50	不燃烧体 1.00	不燃烧体 0.50
疏散楼梯、坡道		不燃烧体 1.50	不燃烧体 1.00	不燃烧体 1.00
屋顶承重构件		不燃烧体 1.50	不燃烧体 0.50	燃烧体
吊顶(包括吊顶搁栅)		不燃烧体 0.25	不燃烧体 0.25	难燃烧体 0.15

注：预制钢筋混凝土构件的节点缝隙或金属承重构件的外露部位应加设防火保护层，其耐火极限不应低于本表相应构件的规定。

地下汽车库的耐火等级应为一级。

《汽车库防规》3.0.3

Ⅰ类、Ⅱ类和Ⅲ类汽车库、修车库及甲、乙类物品运输车的汽车库和修车库耐火等级不应低于二级。

《汽车库防规》3.0.3

2.2.5 厂房、库房耐火等级

1 厂房（仓库）的耐火等级可分为一、二、三、四级。其构件的燃烧性能和耐火极限除《防规》另有规定者外，不应低于表 2-11 的规定。

厂房（仓库）建筑构件的燃烧性能和耐火极限（h）　表 2-11

<table>
<tr><th colspan="2" rowspan="2">构件名称</th><th colspan="4">耐　火　等　级</th></tr>
<tr><th>一级</th><th>二级</th><th>三级</th><th>四级</th></tr>
<tr><td rowspan="6">墙</td><td>防火墙</td><td>不燃烧体
3.00</td><td>不燃烧体
3.00</td><td>不燃烧体
3.00</td><td>不燃烧体
3.00</td></tr>
<tr><td>承重墙</td><td>不燃烧体
3.00</td><td>不燃烧体
2.50</td><td>不燃烧体
2.00</td><td>难燃烧体
0.50</td></tr>
<tr><td>楼梯间和电梯井的墙</td><td>不燃烧体
2.00</td><td>不燃烧体
2.00</td><td>不燃烧体
1.50</td><td>难燃烧体
0.50</td></tr>
<tr><td>疏散走道两侧的隔墙</td><td>不燃烧体
1.00</td><td>不燃烧体
1.00</td><td>不燃烧体
0.50</td><td>难燃烧体
0.25</td></tr>
<tr><td>非承重外墙</td><td>不燃烧体
0.75</td><td>不燃烧体
0.50</td><td>难燃烧体
0.50</td><td>难燃烧体
0.25</td></tr>
<tr><td>房间隔墙</td><td>不燃烧体
0.75</td><td>不燃烧体
0.50</td><td>难燃烧体
0.50</td><td>难燃烧体
0.25</td></tr>
<tr><td colspan="2">柱</td><td>不燃烧体
3.00</td><td>不燃烧体
2.50</td><td>不燃烧体
2.00</td><td>难燃烧体
0.50</td></tr>
<tr><td colspan="2">梁</td><td>不燃烧体
2.00</td><td>不燃烧体
1.50</td><td>不燃烧体
1.00</td><td>难燃烧体
0.50</td></tr>
<tr><td colspan="2">楼板</td><td>不燃烧体
1.50</td><td>不燃烧体
1.00</td><td>不燃烧体
0.75</td><td>难燃烧体
0.50</td></tr>
<tr><td colspan="2">屋顶承重构件</td><td>不燃烧体
1.50</td><td>不燃烧体
1.00</td><td>难燃烧体
0.50</td><td>燃烧体</td></tr>
<tr><td colspan="2">疏散楼梯</td><td>不燃烧体
1.50</td><td>不燃烧体
1.00</td><td>不燃烧体
0.75</td><td>燃烧体</td></tr>
<tr><td colspan="2">吊顶(包括吊顶搁栅)</td><td>不燃烧体
0.25</td><td>难燃烧体
0.25</td><td>难燃烧体
0.15</td><td>燃烧体</td></tr>
</table>

注：① 二级耐火等级建筑的吊顶采用不燃烧体时，其耐火极限不限。

② 下列建筑中的防火墙，其耐火极限应按本表的规定提高 1.00h：

a. 甲、乙类厂房；

b. 甲、乙、丙类仓库。

③ 一、二级耐火等级的单层厂房（仓库）的柱，其耐火极限可按本表的规定降低 0.50h。

《防规》3.2.1，3.2.2，3.2.3

2　二级耐火等级厂房的屋顶承重构件及下列二级耐火等级建筑的梁、柱可采用无防火保护的金属结构，其中能受到甲、乙、丙类液体或可燃气体火焰影响的部位，应采取外包敷不燃材料或其他防火隔热保护措施：

（1）设置自动灭火系统的单层丙类厂房；

（2）丁、戊类厂房（仓库）。

《防规》3.2.4

3　锅炉房的火灾危险性分类和耐火等级应符合下列要求：

（1）锅炉间应属于丁类生产厂房，单台蒸汽锅炉额定蒸发量大于4t/h或单台热水锅炉额定热功率大于2.8MW时，锅炉间建筑不应低于二级耐火等级；单台蒸汽锅炉额定蒸发量小于等于4t/h或单台热水锅炉额定热功率小于等于2.8MW时，锅炉间建筑不应低于三级耐火等级。

设在其他建筑物内的锅炉房，锅炉间的耐火等级，均不应低于二级耐火等级。

（2）重油油箱间、油泵间和油加热器及轻柴油的油箱间和油泵间应属于丙类生产厂房，其建筑均不应低于二级耐火等级，上述房间布置在锅炉房辅助间内时，应设置防火墙与其他房间隔开。

（3）燃气调压间应属于甲类生产厂房，其建筑不应低于二级耐火等级，与锅炉房贴邻的调压间应设置防火墙与锅炉房隔开，其门窗应向外开启并不应直接通向锅炉房，地面应采用不产生火花地坪。

《锅炉房设计规范》1.3.1.1

4　可燃油油浸电力变压器室的耐火等级应为一级。

非燃（或难燃）介质的电力变压器室、电压为10（6）kV的配电装置室和高压电容器室的耐火等级不应低于二级。低压配电装置和低压电容器室的耐火等级不应低于三级。

《民用建筑电气设计规范》4.10.1

5　除锅炉的总蒸发量小于等于4t/h的燃煤锅炉房可采用三级耐火等级的建筑外，其他锅炉房均应采用一、二级耐火等级的建筑。

《防规》3.3.12

6 油浸变压器室、高压配电装置室的耐火等级不应低于二级。

《防规》3.3.13

2.2.6 体育建筑耐火等级

特级体育建筑：一级耐火等级（使用年限>100年）；

甲、乙级体育建筑：一、二级耐火等级（使用年限50～100年）；

丙级体育建筑：一、二级耐火等级（使用年限25～50年）。

《体育建筑设计规范》1.0.8

2.2.7 医院耐火等级

一般不应低于二级，不超过3层时可为三级。

《综合医院建筑设计规范》4.0.2

2.2.8 托幼建筑耐火等级

1、2级耐火等级应≤3层；

3级耐火等级应≤2层；

4级耐火等级应为1层。

《托幼建筑设计规范》3.6.2

2.2.9 电影院耐火等级

任何等级的电影院均不应低于二级耐火等级。

《电影院建筑设计规范》4.1.2

2.2.10 图书馆建筑耐火等级

1 藏书量超过100万册的图书馆，书库耐火等级应为一级；

2 特藏库、珍善本书库的耐火等级应为一级；

3 建筑高度>24m时，藏书量≤100万册，耐火等级不应低于二级。

建筑高度≤24m，藏书量>10万册，耐火等级不应低于二级。

建筑高度≤24m，藏书量≤10万册，且层数≤3层，不应低于三级（但其书库及开架阅览部分不应低于二级）。

《图书馆建筑设计规范》6.1.2～6.1.6

2.2.11　人防工程耐火等级

人防工程的耐火等级应为一级，其出入口地面建筑的耐火等级不应低于二级。

《人防防规》4.3.2

2.2.12　木结构民用建筑耐火等级

1　以木柱承重且以不燃材料作为墙体的建筑物，其耐火等级应按四级确定。

《防规》5.1.1 表注 1

2　当木结构建筑构件的燃烧性能和耐火极限满足表 2-12 的规定时，木结构可按规范的规定进行建筑防火设计。

木结构建筑中构件的燃烧性能和耐火极限（h）　表 2-12

构 件 名 称	燃烧性能和耐火极限
防火墙	不燃烧体 3.00
承重墙、住宅单元之间的墙、住宅分户墙、楼梯间和电梯井墙体	难燃烧体 1.00
非承重外墙、疏散走道两侧的隔墙	难燃烧体 1.00
房间隔墙	难燃烧体 0.50
多层承重柱	难燃烧体 1.00
单层承重柱	难燃烧体 1.00
梁	难燃烧体 1.00
楼板	难燃烧体 1.00
屋顶承重构件	难燃烧体 1.00
疏散楼梯	难燃烧体 0.50
室内吊顶	难燃烧体 0.25

注：① 屋顶表层应采用不可燃材料。

② 当同一座木结构建筑由不同高度组成，较低部分的屋顶承重构件不得采用燃烧体；采用难燃烧体时，其耐火极限不应低于 1.00h。

《防规》5.5.1

2.3 室内装修材料的燃烧性能等级

2.3.1 一般规定

1 单层、多层民用建筑内部各部位装修材料的燃烧性能等级，不应低于表 2-13 的规定。

单层、多层民用建筑内部各部位装修材料的燃烧性能等级 表 2-13

建筑物及场所	建筑规模、性质	装修材料燃烧性能等级							
		顶棚	墙面	地面	隔断	固定家具	装饰织物		其他装饰材料
							窗帘	帷幕	
候机楼的候机大厅、商店、餐厅、贵宾候机室、售票厅等	建筑面积＞10000m² 的候机楼	A	A	B_1	B_1	B_1	B_1		B_1
	建筑面积≤10000m² 的候机楼	A	B_1	B_1	B_1	B_2	B_2		B_2
汽车站、火车站、轮船客运站的候车（船）室、餐厅、商场	建筑面积＞10000m² 的车站、码头	A	A	B_1	B_1	B_2	B_2		B_1
	建筑面积≤10000m² 的车站、码头	B_1	B_1	B_1	B_2	B_2	B_2		B_2
影院、会堂、礼堂、剧院、音乐厅	＞800 座位	A	A	B_1	B_1	B_1	B_1	B_1	B_1
	≤800 座位	A	B_1	B_1	B_1	B_2	B_1	B_1	B_2
体育馆	＞3000 座位	A	A	B_1	B_1	B_1	B_1	B_1	B_2
	≤3000 座位	A	B_1	B_1	B_1	B_2	B_2	B_1	B_2
商场营业厅	每层建筑面积＞3000m² 或总建筑面积＞9000m² 的营业厅	A	B_1	A	A	B_1	B_1		B_2
	每层建筑面积 1000～3000m² 或总建筑面积为 3000～9000m² 的营业厅	A	B_1	B_1	B_1	B_2	B_1		
	每层建筑面积＜1000m² 或总建筑面积＜3000m² 营业厅	B_1	B_1	B_1	B_2	B_2	B_2		

续表

建筑物及场所	建筑规模、性质	装修材料燃烧性能等级							
		顶棚	墙面	地面	隔断	固定家具	装饰织物		其他装饰材料
							窗帘	帷幕	
饭店、旅馆的客房及公共活动用房等	设有中央空调系统的饭店、旅馆	A	B_1	B_1	B_1	B_2	B_2		B_2
	其他饭店、旅馆	B_1	B_1	B_2	B_2	B_2	B_2		
歌舞厅、餐馆等娱乐、餐饮建筑	营业面积 $>100m^2$	A	B_1	B_1	B_1	B_2	B_1		B_2
	营业面积 $\leqslant 100m^2$	B_1	B_1	B_1	B_2	B_2	B_2		B_2
幼儿园、托儿所、中、小学校、医院病房楼、疗养院、养老院		A	B_1	B_1	B_1	B_2	B_1		B_2
纪念馆、展览馆、博物馆、图书馆、档案馆、资料馆等	国家级、省级	A	B_1	B_1	B_1	B_2	B_1		B_2
	省级以下	B_1	B_1	B_2	B_2	B_2	B_2		B_2
办公楼、综合楼	设有中央空调系统的办公楼、综合楼	A	B_1	B_1	B_1	B_2	B_2		B_2
	其他办公楼、综合楼	B_1	B_1	B_2	B_2	B_2			
住宅	高级住宅	B_1	B_1	B_1	B_1	B_2	B_2		B_2
	普通住宅	B_1	B_2	B_2	B_2	B_2			

2 当单层、多层民用建筑内装有自动灭火系统时，除顶棚外，其内部装修材料的燃烧性能等级可在表 2-13 规定的基础上降低一级；当同时装有火灾自动报警装置和自动灭火系统时，其顶棚装修材料的燃烧性能等级可在表 2-13 规定的基础上降低一级，其他装修材料的燃烧性能等级可不限制。

《内装修防规》3.2.3

3 建筑物内的厨房，其顶棚、墙面、地面均应采用 A 级装修材料。

《内装修防规》3.1.16

4 除地下建筑外，无窗房间的内部装修材料的燃烧性能等级，除A级外，应在本章规定的基础上提高一级。

《内装修防规》3.1.2

5 图书室、资料室、档案室和存放文物的房间，其顶棚、墙面应采用A级装修材料，地面应采用不低于B_1级的装修材料。

《内装修防规》3.1.3

6 大中型电子计算机房、中央控制室、电话总机房等放置特殊贵重设备的房间，其顶棚和墙面应采用A级装修材料，地面及其他装修应采用不低于B_1级的装修材料。

《内装修防规》3.1.4

7 消防水泵房、排烟机房、固定灭火系统钢瓶间、配电室、变压器室、通风和空调机房等，其内部所有装修均应采用A级装修材料。

《内装修防规》3.1.5

8 无自然采光楼梯间、封闭楼梯间、防烟楼梯间的顶棚、墙面和地面均应采用A级装修材料。

《内装修防规》3.1.6

9 建筑物内设有上下层相连通的中庭、走马廊、开敞楼梯、自动扶梯时，其连通部位的顶棚、墙面应采用A级装修材料，其他部位应采用不低于B_1级的装修材料。

《内装修防规》3.1.7

10 地上建筑的水平疏散走道和安全出口的门厅，其顶棚装饰材料应采用A级装修材料，其他部位应采用不低于B_1级的装修材料。

《内装修防规》3.1.13

11 当歌舞厅、卡拉OK厅（含具有卡拉OK功能的餐厅）、夜总会、录像厅、放映厅、桑拿浴室（除洗浴部分外）、游艺厅（含电子游艺厅）、网吧等歌舞娱乐放映游艺场所（简称歌舞娱乐放映游艺场所）设置在一、二级耐火等级建筑的四层及四层以上时，室内装修的顶棚材料应采用 A 级装修材料，其他部位应采用不低于 B_1 级的装修材料；当设置在地下一层时，室内装修的顶棚、墙面材料应采用 A 级装修材料，其他部位应采用不低于 B_1 级的装修材料。

《内装修防规》3.1.18

2.3.2 高层民用建筑内部装修材料燃烧性能等级规定

1 高层民用建筑内部各部位装修材料的燃烧性能等级，不应低于表 2-14 的规定。

高层民用建筑内部各部位装修材料的燃烧性能等级　　表 2-14

建筑物	建筑规模、性质	装修材料燃烧性能等级									
		顶棚	墙面	地面	隔断	固定家具	装饰织物				其他装饰材料
							窗帘	帷幕	床罩	家具包布	
高级旅馆	＞800 座位的观众厅、会议厅；顶层餐厅	A	B_1	B_1	B_1	B_1	B_1	B_1		B_1	B_1
	⩽800 座位的观众厅、会议厅	A	B_1	B_1	B_1	B_2	B_1	B_1		B_2	B_1
	其他部位	A	B_1	B_1	B_2	B_2	B_1	B_2	B_1	B_2	B_1
商业楼、展览楼、综合楼、商住楼、医院病房楼	一类建筑	A	B_1	B_1	B_1	B_2	B_1	B_1		B_2	B_1
	二类建筑	B_1	B_1	B_2	B_2	B_2	B_2	B_2		B_2	B_2
电信楼、财贸金融楼、邮政楼、广播电视楼、电力调度楼、防灾指挥调度楼	一类建筑	A	A	B_1	B_1	B_1	B_1	B_1		B_2	B_1
	二类建筑	B_1	B_1	B_2	B_2	B_2	B_1	B_2		B_2	B_2

续表

建筑物	建筑规模、性质	装修材料燃烧性能等级									
		顶棚	墙面	地面	隔断	固定家具	装饰织物				其他装饰材料
							窗帘	帷幕	床罩	家具包布	
教学楼、办公楼、科研楼、档案楼、图书馆	一类建筑	A	B_1	B_1	B_1	B_2	B_1	B_1		B_1	B_1
	二类建筑	B_1	B_1	B_2	B_1	B_2	B_1	B_2		B_2	B_2
住宅、普通旅馆	一类普通旅馆 高级住宅	A	B_1	B_2	B_1	B_2	B_1		B_1	B_2	B_1
	二类普通旅馆 普通住宅	B_1	B_1	B_2	B_2	B_2	B_2		B_2	B_2	B_2

注：①“顶层餐厅”包括设在高空的餐厅、观光厅等。

② 建筑物的类别、规模、性质应符合国家现行标准《高层民用建筑设计防火规范》的有关规定。

2 除100m以上的高层民用建筑及大于800座位的观众厅、会议厅，顶层餐厅外，当设有火灾自动报警装置和自动灭火系统时，除顶棚外，其内部装修材料的燃烧性能等级可在表2-14规定的基础上降低一级。

3 高层民用建筑的裙房内面积小于500m^{2}的房间，当设有自动灭火系统，并且采用耐火等级不低于2h的隔墙、甲级防火门、窗与其他部位分隔时，顶棚、墙面、地面的装修材料的燃烧性能等级可在表2-14规定的基础上降低一级。

《内装修防规》3.3.1～3.3.3

2.3.3 地下民用建筑内部装修材料燃烧性能等级规定

1 地下民用建筑内部各部位装修材料的燃烧性能等级，不应低于表2-15的规定。

注：地下民用建筑系指单层、多层、高层民用建筑的地下部分，单独建造在地下的民用建筑以及平战结合的地下人防工程。

2 地下民用建筑的疏散走道和安全出口的门厅，其顶棚、墙面和地面的装修材料应采用A级装修材料。

地下民用建筑内部各部位装修材料的燃烧性能等级　　表 2-15

建筑物及场所	装修材料燃烧性能等级						
	顶棚	墙面	地面	隔断	固定家具	装饰织物	其他装饰材料
休息室和办公室等 旅馆的客房及公共活动用房等	A	B_1	B_1	B_1	B_1	B_1	B_2
娱乐场所、旱冰场等 舞厅、展览厅等 医院的病房、医疗用房等	A	A	B_1	B_1	B_1	B_1	B_2
电影院的观众厅 商场的营业厅	A	A	A	B_1	B_1	B_1	B_2
停车库 人行通道 图书资料库、档案库	A	A	A	A	A		

《内装修防规》3.4.1，3.4.2

2.4 建筑外装修材料的燃烧等级

2.4.1 外墙

1 《民用建筑外保温防火设计规程》(北京市地标）规定

外墙外保温防火设计要求一览表　　表 2-16

建筑范围	编号	建筑高度(m)	可选保温做法
居住建筑(非幕墙)	F1	≥100m	采用(A)级不燃材料
	F2	≥60m 但<100m	(1)采用燃烧性能 B_2 级热塑型保温材料，防火保护层厚度应≥16mm，此时不需另加防火隔离带； (2)采用热固型保温材料(改性酚醛板、硬泡聚氨酯等)，抹面砂浆应≥3mm厚，此时不需另加防火隔离带； (3)采用燃烧性能 B_2 级热塑型保温材料，保温层外防火保护层厚度小于16mm时，保温层窗口上方300mm以上位置应设置通长水平防火隔离带或全部窗上口设置挡火梁。
	F3	<60m	除可采用F1、F2做法外，还可采用燃烧性能 B_2 级热塑型保温材料时，抹面砂浆≥3mm厚，每两层应加设水平防火隔离带。

续表

<table>
<tr><th>建筑范围</th><th>编号</th><th>建筑高度(m)</th><th colspan="2">可选保温做法</th></tr>
<tr><td rowspan="4">公共建筑(非幕墙)</td><td>F1</td><td>≥80m</td><td colspan="2">采用(A)级不燃材料</td></tr>
<tr><td>F1D</td><td>≥50m但<80m</td><td colspan="2">除可采用F1做法外，还可采用点框粘贴的热固型保温板(改性酚醛板、硬泡聚氨酯等)，并应全部裹覆不小于16mm厚的防火保护层</td></tr>
<tr><td rowspan="2">F2</td><td>≥24m但<50m</td><td colspan="2">除可采用F1、F1D做法外，还可采用下列任何一种做法：
(1)采用燃烧性能B_2级热塑型保温材料时，防火保护层厚度应≥16mm，此时不需另加防火隔离带；
(2)采用热固型保温材料(改性酚醛板、硬泡聚氨酯等)，抹面砂浆≥3mm厚，此时不需另加防火隔离带</td></tr>
<tr><td><24m</td><td colspan="2">除可采用F1、F1D、F2(1)(2)做法外，还可采用：
(3)燃烧性能B_2级热塑型保温材料，保温层外防火保护层厚度小于16mm时，保温层窗口上方300mm以上位置应设置通长水平防火隔离带或全部窗上口设置挡火梁</td></tr>
<tr><td rowspan="2">幕墙式建筑</td><td>M1</td><td>≥24m</td><td>采用(A)级不燃材料</td><td rowspan="2">幕墙的保温层与面层之间的缝隙以及其他空隙，应在每层楼板处采用不燃材料或热固型B_1级材料封堵</td></tr>
<tr><td>M2</td><td><24m</td><td>除可采用(A)级不燃材料外，还可采用下列任何一种做法：
(1)采用热固型B_1级保温材料，抹面砂浆≥3mm厚；
(2)采用热固型B_2级保温材料时，裹覆≥10mm厚防火保护层</td></tr>
</table>

2 《民用建筑外保温系统及外墙装饰防火暂行规定》的规定

(1) 非幕墙式建筑应符合下列规定：

1) 住宅建筑应符合下列规定：

① 高度大于等于100m的建筑，其保温材料的燃烧性能应为A级。

② 高度大于等于60m小于100m的建筑，其保温材料的燃烧性能不应低于B_2级。当采用B_2级保温材料时，每层应设置水平防火隔离带。

③ 高度大于等于24m小于60m的建筑，其保温材料的燃烧性能不应低于B_2级。当采用B_2级保温材料时，每两层应设置

水平防火隔离带。

④ 高度小于24m的建筑，其保温材料的燃烧性能不应低于B_2级。其中，当采用B_2级保温材料时，每三层应设置水平防火隔离带。

2）其他民用建筑应符合下列规定：

① 高度大于等于50m的建筑，其保温材料的燃烧性能应为A级。

② 高度大于等于24m小于50m的建筑，其保温材料的燃烧性能应为A级或B_1级。其中，当采用B_1级保温材料时，每两层应设置水平防火隔离带。

③ 高度小于24m的建筑，其保温材料的燃烧性能不应低于B_2级。其中，当采用B_2级保温材料时，每层应设置水平防火隔离带。

3）外保温系统应采用不燃或难燃材料作防护层。防护层应将保温材料完全覆盖。首层的防护层厚度不应小于6mm，其他层不应小于3mm。

4）采用外墙外保温系统的建筑，其基层墙体耐火极限应符合现行防火规范的有关规定。

（2）幕墙式建筑应符合下列规定：

1）建筑高度大于等于24m时，保温材料的燃烧性能应为A级。

2）建筑高度小于24m时，保温材料的燃烧性能应为A级或B_1级。其中，当采用B_1级保温材料时，每层应设置水平防火隔离带。

3）保温材料应采用不燃材料作防护层。防护层应将保温材料完全覆盖。防护层厚度不应小于3mm。

4）采用金属、石材等非透明幕墙结构的建筑，应设置基层墙体，其耐火极限应符合现行防火规范关于外墙耐火极限的有关规定；玻璃幕墙的窗间墙、窗槛墙、裙墙的耐火极限和防火构造应符合现行防火规范关于建筑幕墙的有关规定。

5）基层墙体内部空腔及建筑幕墙与基层墙体、窗间墙、窗槛墙及裙墙之间的空间，应在每层楼板处采用防火封堵材料封堵。

2.4.2 屋顶

对于屋顶基层采用耐火极限不小于1.00h的不燃烧体的建筑，其屋顶的保温材料不应低于B_2级；其他情况，保温材料的燃烧性能不应低于B_1级。

屋顶与外墙交界处、屋顶开口部位四周的保温层，应采用宽度不小于500mm的A级保温材料设置水平防火隔离带。

屋顶防水层或可燃保温层应采用不燃材料进行覆盖。

《公通字［2009］46号文》

3 总 平 面

3.1 道路、停车场（库）

3.1.1 道路设置规定

1 建筑基地内道路宽度：

单车道宽度不应小于 4m；

双车道宽度不应小于 7m；

人行道宽度不应小于 1.50m。

《通则》5.2.2

2 居住区道路：红线宽度不宜小于 20m。

小区路：路面宽 6～9m；

建筑控制线间宽度：需敷设供热管线时≥14m；无供热管线时≥10m。

组团路：路面宽 3～5m；

建筑控制线间的宽度：需敷设供热管线时≥10m；无供热管线时≥8m。

宅间小路：路面宽不宜小于 2.5m。

《城市居住区规划设计规范》8.0.2

3 居住区道路设置应符合下列规定：

（1）双车道路面宽不应小于 6m；宅前路的路面宽不应小于 2.5m（每个住宅单元至少应有一个出入口可以通达机动车）。

（2）当尽端式道路长度大于 120m 时，应在尽端设置不小于 12m×12m 的回车场地。

《住宅规范》4.3.1，4.3.2

4 基地场地道路坡度：

(1) 道路纵坡（见表3-1）：

道路纵坡控制指标（%）　　表3-1

道路类别	最小纵坡	最大纵坡	多雪严寒地区最大纵坡
机动车道	≥0.2	≤8.0 L≤200m	≤5.0 L≤600m
非机动车道	≥0.2	≤3.0 L≤50m	≤2.0 L≤100m
步行道	≥0.2	≤8.0	≤4.0

注：L为坡长（m）。

《城市居住区规划设计规范》8.0.3；

《通则》5.3.1

(2) 各种场地适用坡度（%）：

密实性地面和广场　0.3～3.0

广场兼停车场　0.2～0.5

室外儿童游戏场　0.3～2.5

室外运动场　0.2～0.5

室外杂用场地　0.3～2.9

绿地　0.5～1.0

湿陷性土地面　0.5～7.0

《城市居住区规划设计规范》9.0.2.2

注：当自然地形坡度大于8%时，地面应分成台地，台地连接处应设挡土墙或护坡。

《通则》5.3.1.1；

《城市居住区规划设计规范》9.0.3

5 其他：

(1) 基地地面最低处高程宜高于相邻城市道路最低高程，否则应有排除地面水的措施。

《通则》4.1.3.3

居住区内应采用暗沟（管）排除地面水。陡坎、岩石地段或在山坡冲刷严重、管沟易堵塞的地段可采用明沟排水。

《城市居住区规划设计规范》9.0.4

（2）小区内主要道路至少应有两个出入口；居住区内主要道路至少应有两个方向与外围道路相连；机动车道对外出入口间距不应小于 150m。沿街建筑物长度超过 150m 时，应设宽度和高度均不小于 4m 的消防车道，人行出口间距不宜超过 80m。

居住区内道路与城市道路相接时，交角不宜小于 75°。尽端式道路长度不宜大于 120m，并应在尽端设不小于 12m×12m 的回车场地。

《城市居住区规划设计规范》8.0.5

（3）基地机动车出入口位置应符合以下规定：

① 距大中城市主干道交叉口自道路红线交叉点起不应小于 70m；

② 距人行过街天桥、地道（包括引桥、引道）的边缘不应小于 5m；

③ 距地铁出入口、公交站台边缘不应小于 15m；

④ 距公园、学校等建筑出入口不应小于 20m。

《通则》4.1.5

（4）居住区内道路边缘至建筑物与构筑物间的最小距离（见表3-2）：

道路边缘至建、构筑物最小距离（m）　　表 3-2

与建、构筑物关系 \ 道路级别			居住区道路	小区路	组团路及宅间小路
建筑物面向道路	无出入口	高层	5.0	3.0	2.0
		多层	3.0	3.0	2.0
	有出入口		—	5.0	2.5
建筑物山墙面向道路		高层	4.0	2.0	1.5
		多层	2.0	2.0	1.5
围墙面向道路			1.5		

《城市居住区规划设计规范》8.0.5.8

3.1.2　消防车道设置规定

1　街区内的道路应考虑消防车的通行，其道路中心线间距不宜超过160m。当建筑沿街长度超过150m或总长度超过220m时，应在适当部位设置穿过建筑物的消防车道。确有困难时应设置环形消防车道。

（编者注：不规则平面沿街总长度应按建筑平面中轴总长度计算）

《防规》6.0.1；《高规》4.3.1及条文说明

2　消防车道穿过建筑物门洞时，净高和净宽均应≥4.0m。

《高规》4.3.6

3　消防车道净宽及净高均应≥4.0m。供消防车停留的空地，其坡度不宜大于3%。

《防规》6.0.9

4　高层建筑消防车道宽应≥4.0m，车道距高层建筑外墙宜大于5m，车道上空4.0m范围内不应有障碍物。

《高规》4.3.4

5　高层建筑周围应设环形消防车道，当设环形消防车道有困难时可沿建筑两个长边设消防车道。

《高规》4.3.1

超过3000个座位的体育馆、超过2000个座位的会堂和占地面积超过3000m² 的展览馆等公建，宜设环形消防车道。

《防规》6.0.5

6　尽头式消防车道应设回车场，回车场不宜小于15m×15m，大型消防车的回车场不宜小于18m×18m。

《防规》6.0.10；《高规》4.3.5

7　环形消防车道至少应有两处与其他车道连通。

尽头式消防车道应设回车道或不小于12m×12m的回车场。

供大型消防车使用的回车场应不小于15m×15m。

《防规》6.0.10

8　有封闭内院或天井的沿街建筑应设连通街道和内院的人行通道，其间距不宜大于80m。（可利用楼梯间做通道）

《防规》6.0.3；《高规》4.3.1

9 建筑的封闭内院或天井，其短边超过24m时，宜设进入内院的消防车道。

《防规》6.0.2；《高规》4.3.2

10 工厂、仓库区内应设置消防车道。

占地面积大于3000m² 的甲、乙、丙类厂房或大于1500m² 的乙、丙类仓库应设置环形消防车道。确有困难时，应沿建筑物两长边设消防车道。

《防规》6.0.6

3.1.3 停车场（库）设置规定

1 下列大中型公共建筑，须按规定配套建设停车场（库）：

（1）建筑面积≥1000m² 的饭庄；

（2）建筑面积≥2000m² 的影院；

（3）建筑面积≥5000m² 的旅馆、外国人公寓、办公楼、商店、医院、展览馆、剧院、体育场（馆）等公建。

2 停车场标准（见表3-3）：

停车场设置标准 **表3-3**

建筑类别		小型汽车车位		自行车车位
旅馆	一类	每套客房	0.6	
	二类		0.4	
	三类		0.2	
办公楼		每1000m² 建筑面积	6.5	20
餐饮		每1000m² 建筑面积	7	40
商场	一类	每1000m² 建筑面积	6.5	40
	二类	每1000m² 建筑面积	4.5	40
医院	市级	每1000m² 建筑面积	6.5	40
	区级	每1000m² 建筑面积	4.5	40

续表

建筑类别		小型汽车车位		自行车车位
展览馆		每1000m² 建筑面积	7	45
影院		每100座位	3	每1000m² 45
剧院(音乐厅)		每100座位	10	每1000m² 45
体育场馆	一类	每100座位	4.2	每1000m² 45
	二类	每100座位	1.2	每1000m² 45

注：① 旅馆中的一类是指《旅游旅馆设计暂行标准》中规定的一级旅游旅馆，二类指二、三级旅游旅馆，三类指四级旅游旅馆。

② 商场中的一类指建筑面积＞10000m² 的商场，二类指 5000～10000m² 的商场。

③ 体育馆中的一类指3000 座以上，二类指不足 3000 座的体育馆；体育场中的一类指 15000 座以上，二类指 15000 座以下的体育场。

④ 多功能综合的大中型公建，停车场车位按各单位标准总和的 80％计算。

3 露天停车场的占地面积：小型汽车 35m²/车位；自行车 1.2m²/车位。

停车库的建筑面积：小型汽车 40m²/车位；自行车 1.8m²/车位。

4 机动车停车位按照小型汽车停车位数计算。

小型汽车停车设计参数如下：

	垂直于通道方向车位长度(m)	平行于通道方向车位长度(m)	通道宽(m)	单车面积(m²)
平行前进停车	2.8	7.0	4.0	33.6
30°前进停车	4.2	5.6	4.0	34.7
45°前进停车	5.2	4.0	4.0	28.8
60°前进停车	5.9	3.2	5.0	26.9
60°后退停车	5.9	3.2	4.5	26.1
垂直前进停车	6.0	2.8	9.5	30.1
垂直后退停车	6.0	2.8	6.0	25.2

5 新建、扩建的居住区应就近设置停车场（库），或将停车库附建在住宅建筑内。其停车位数量应符合有关规定。

以上摘自《495号文》

3.2 建筑间距

3.2.1 日照间距

（未注明者均摘自88城规发字第225号文）

1 生活居住建筑：4层或4层以上的生活居住建筑采用日照间距系数确定其间距。生活居住建筑包括居住建筑（居民住宅、公寓等）和公共建筑（托儿所、幼儿园、中小学、医疗病房、集体宿舍、招待所、旅馆、影剧院）。

两栋4层或4层以上的生活居住建筑（至少一栋为居住建筑）的间距当采用规定的建筑间距系数后仍小于以下距离时，按下列规定执行（见图3-1）：

（1）两长边相对时：≥18m；

（2）两短边相对时：≥10m；

（3）一长边对一短边：≥12m；

（4）间距符合本规定，但小于防火间距的规定时，按有关消防规定执行。

2 板式居住建筑：板式居住建筑群体布置时，间距系数如下（见图3-2）：

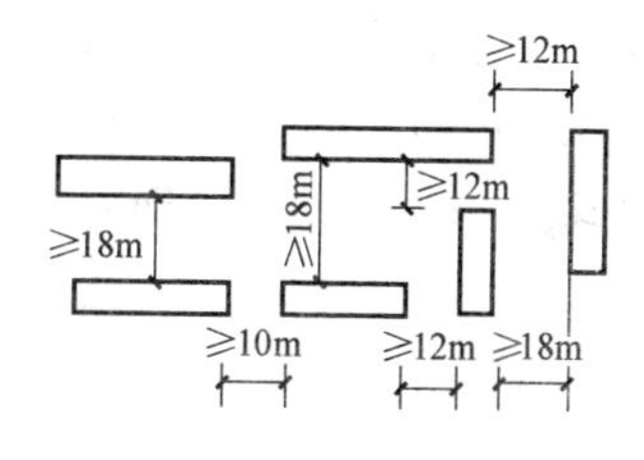

图3-1 生活居住建筑间距

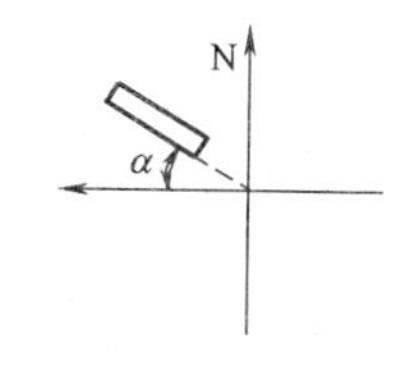

图3-2 建筑朝向

建筑朝向与正南夹角(α)	0°～20°	20°～60°	60°以上
新建工程	1.7	1.4	1.5
改建工程	1.6	1.4	1.5

注：市规发［2003］495号文规定：如按上述间距系数计算后建筑间距大于50m时，可按50m控制建筑间距。

3 塔式居住建筑：

（1）单栋塔式居住建筑两侧无遮挡时，与其他居住建筑间距系数≥1.0。

注：市规发［2003］495号文规定：

① 在正南北向按照1.0间距系数计算后建筑间距大于120m时，可按120m控制建筑间距。

② 两侧无遮挡系指图3-3所示范围。

（2）多栋塔式居住建筑成东西向单排布置时，与被其遮挡阳光的板式居住建筑的间距按以下规定执行：

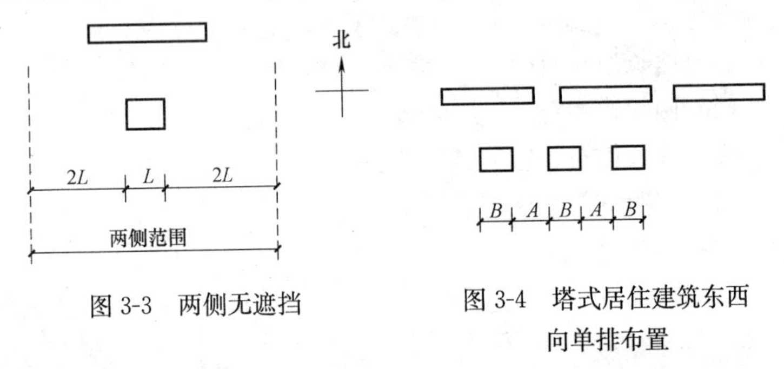

图3-3　两侧无遮挡

图3-4　塔式居住建筑东西向单排布置

相邻塔式居住建筑的间距（A）小于单栋塔式居住建筑的长度（B）时（见图3-4），塔式居住建筑长高比的长度应按各塔长度和间距之和计算，并按不同长高比采用不得小于下列规定的间距系数值：

遮挡阳光建筑群的长高比	1.0以下	1.0～2.0	2.0～2.5	2.5以上
新建区	1.0	1.2	1.5	1.7
改建区	1.0	1.2	1.5	1.6

注：市规发［2003］495号文规定：

① 长高比大于1且小于2的单栋建筑与其北侧居住建筑的间距可按上述规定执行。

② 在正南北向按照相应间距系数计算后，建筑间距大于120m时，可按120m控制建筑间距。

4 塔式、板式建筑遮挡公建时的间距系数：

（1）板式建筑遮挡中小学、托幼及病房楼等公建时，间距系数规定如下：

夹角	0～20°	20°～60°	60°以上
间距系数	1.9	1.6	1.8

注：市规发［2003］495号文规定：塔式建筑与中小学教室、托幼活动室及医疗病房等建筑的间距系数由城市规划行政主管部门确定，即若能保证上述建筑在冬至日有2小时日照情况下，可采用小于上表的间距系数，但不得小于关于塔式居住建筑间距系数的规定。

（2）板式建筑遮挡办公楼、集体宿舍、招待所及旅馆时，间距系数≥1.3；塔式建筑遮挡上述建筑时按3.2.1.3条执行。

注：市规发［2003］495号文规定此条款建筑间距系数不得小于1.3。

5 其他：

（1）下列建筑被遮挡阳光时由市规划管理部门处理：

2层以下的办公楼、集体宿舍、招待所、旅馆；

商业、服务、影剧院、公共设施；

属同一单位的办公楼、集体宿舍、招待所、旅馆；

4层或4层以上的生活居住建筑与3层或3层以下的生活居住建筑之间的间距。

（2）其他建筑遮挡居住建筑时按居住建筑间距系数规定执行。

（编者注：以上规定适用于北京地区有日照要求的民用建筑。其他省市、地区应按所在气候分区满足有关日照标准的要求。如当地规划主管部门对日照间距系数有具体规定，应按当地规定执行。）

3.2.2 防火间距

1 民用建筑防火间距（见表3-4）：

民用建筑之间的防火间距（m） **表 3-4**

耐火等级	一、二级	三级	四级
一、二级	6	7	9
三级	7	8	10
四级	9	10	12

注：① 两座建筑物相邻较高一面外墙为防火墙或高出相邻较低一座一、二级耐火等级建筑物的屋面 15m 范围内的外墙为防火墙且不开设门窗洞口时，其防火间距可不限。

② 相邻的两座建筑物，当较低一座的耐火等级不低于二级、屋顶不设置天窗、屋顶承重构件及屋面板的耐火极限不低于 1.00h，且相邻的较低一面外墙为防火墙时，其防火间距不应小于 3.5m。

③ 相邻的两座建筑物，当较低一座的耐火等级不低于二级，相邻较高一面外墙的开口部位设置甲级防火门窗，或设置符合现行国家标准《自动喷水灭火系统设计规范》GB 50084 规定的防火分隔水幕或《防规》第 7.5.3 条规定的防火卷帘时，其防火间距不应小于 3.5m。

④ 相邻两座建筑物，当相邻外墙为不燃烧体且无外露的燃烧体屋檐，每面外墙上未设置防火保护措施的门窗洞口不正对开设，且面积之和小于等于该外墙面积的 5%时，其防火间距可按本表规定减少 25%。

⑤ 耐火等级低于四级的原有建筑物，其耐火等级可按四级确定；以木柱承重且以不燃烧材料作为墙体的建筑，其耐火等级应按四级确定。

⑥ 防火间距应按相邻建筑物外墙的最近距离计算，当外墙有凸出的燃烧构件时，应从其凸出部分外缘算起。

《防规》5.2.1

⑦ 数座一、二级耐火等级的多层住宅或办公楼，当建筑物的占地面积的总和小于等于 2500m² 时，可成组布置，但组内建筑物之间的间距不宜小于 4m。组与组或组与相邻建筑物之间的防火间距不应小于上表规定。

《防规》5.2.3

⑧ 木结构建筑的防火间距规定：

木结构建筑之间及其与其他耐火等级的民用建筑之间的防火间距不应小于表 3-5 的规定。

木结构建筑之间及其与其他耐火等级的民用建筑之间的防火间距（m） **表 3-5**

建筑耐火等级或类别	一、二级	三级	木结构建筑	四级
木结构建筑	8	9	10	11

注：防火间距应按相邻建筑外墙的最近距离计算，当外墙有凸出的可燃构件时，应从凸出部分的外缘算起。

两座木结构建筑之间及其与相邻其他结构民用建筑之间的外墙均无任何门窗洞口时，其防火间距不应小于 4m。

两座木结构建筑之间及其与其他耐火等级的民用建筑之间，外墙的门窗洞口面积之和不超过该外墙面积的 10%时，其防火间距不应小于表 3-6 的规定。

外墙开口率小于 10%时的防火间距（m） **表 3-6**

建筑耐火等级或类别	一、二、三级	木结构建筑	四级
木结构建筑	5	6	7

《防规》5.5.3，5.5.4，5.5.5

2 厂房、库房防火间距：

（1）厂房防火间距见表3-7。

《防规》3.4.1，3.4.2

厂房之间及其与乙、丙、丁、戊类仓库、民用建筑等之间的防火间距（m）　　表3-7

名称			甲类厂房	单层、多层乙类厂房（仓库）	单层、多层丙、丁、戊类厂房（仓库）			高层厂房（仓库）	民用建筑		
					耐火等级				耐火等级		
					一、二级	三级	四级		一、二级	三级	四级
甲类厂房			12	12	12	14	16	13	25		
单层、多层乙类厂房			12	10	10	12	14	13	25		
单层、多层丙、丁类厂房	耐火等级	一、二级	12	10	10	12	14	13	10	12	14
		三级	14	12	12	14	16	15	12	14	16
		四级	16	14	14	16	18	17	14	16	18
单层、多层戊类厂房		一、二级	12	10	10	12	14	13	6	7	9
		三级	14	12	12	14	16	15	7	8	10
		四级	16	14	14	16	18	17	9	10	12
高层厂房			13	13	13	15	17	13	13	15	17
室外变、配电站变压器总油量（t）	≥5，≤10				12	15	20	12	15	20	25
	>10，≤50		25	25	15	20	25	15	20	25	30
	>50				20	25	30	20	25	30	35

注：① 建筑之间的防火间距应按相邻建筑外墙的最近距离计算，如外墙有凸出的燃烧构件，应从其凸出部分外缘算起。

② 乙类厂房与重要公共建筑之间的防火间距不宜小于50m。单层、多层戊类厂房之间及其与戊类仓库之间的防火间距，可按本表的规定减少2m。为丙、丁、戊类厂房服务而单独设立的生活用房应按民用建筑确定，与所属厂房之间的防火间距不应小于6m。必须相邻建造时，应符合本表注③、④的规定。

③ 两座厂房相邻较高一面的外墙为防火墙时，其防火间距不限：但甲类厂房之间不应小于4m。两座丙、丁、戊类厂房相邻两面的外墙均为不燃烧体，当无外露的燃烧体屋檐，每面外墙上的门窗洞口面积之和各小于等于该外墙面积的5%，且门窗洞口不正对开设时，其防火间距可按本表的规定减少25%。

④ 两座一、二级耐火等级的厂房，当相邻较低一面外墙为防火墙且较低一座厂房的屋顶耐火极限不低于1.00h，或相邻较高一面外墙的门窗等开口部位设置甲级防火门窗或防火分隔水幕或按《防规》第7.5.3条的规定设置防火卷帘时，甲、乙类厂房之间的防火间距不应小于6m；丙、丁、戊类厂房之间的防火间距不应小于4m。

⑤ 变压器与建筑之间的防火间距应从距建筑最近的变压器外壁算起。发电厂内的主变压器，其油量可按单台确定。

⑥ 耐火等级低于四级的原有厂房，其耐火等级应按四级确定。

⑦ 甲类厂房与重要公共建筑之间的防火间距不应小于50m，与明火或散发火花地点之间的防火间距不应小于30m。

（2）库房的防火间距见表3-8、表3-9。

《防规》3.5.1，3.5.2

甲类仓库之间及其与其他建筑、明火或散发火花地点、铁路等的防火间距（m）　　表3-8

名称		甲类仓库及其储量(t)			
		甲类储存物品第3、4项		甲类储存物品第1、2、5、6项	
		≤5	>5	≤10	>10
重要公共建筑		50			
甲类仓库		20			
民用建筑、明火或散发火花地点		30	40	25	30
其他建筑	一、二级耐火等级	15	20	12	15
	三级耐火等级	20	25	15	20
	四级耐火等级	25	30	20	25
电力系统电压为35～500kV且每台变压器容量在10MV·A以上的室外变、配电站 工业企业的变压器总油量大于5t的室外降压变电站		30	40	25	30
厂外铁路线中心线		40(30)			
厂内铁路线中心线		30(20)			
厂外道路路边		20(15)			
厂内道路路边	主要	10(10)			
	次要	5(5)			

注：① 甲类仓库之间的防火间距，当第3、4项物品储量小于等于2t，第1、2、5、6项物品储量小于等于5t时，不应小于12m，甲类仓库与高层仓库之间的防火间距不应小于13m。

② 括号内数字为甲类厂房与铁路、道路的防火间距（详《防规》3.4.3）。

乙、丙、丁、戊类仓库之间及其与民用建筑之间的防火间距（m） 表 3-9

<table>
<tr><td colspan="2" rowspan="2">建筑类型</td><td colspan="6">单层、多层乙、丙、丁、戊类仓库</td><td rowspan="2">高层仓库</td><td rowspan="2">甲类厂房</td></tr>
<tr><td colspan="3">单层、多层乙、丙、丁类仓库</td><td colspan="3">单层、多层戊类仓库</td></tr>
<tr><td rowspan="4">单层、多层乙、丙、丁、戊类仓库</td><td>耐火等级</td><td>一、二级</td><td>三级</td><td>四级</td><td>一、二级</td><td>三级</td><td>四级</td><td>一、二级</td><td>一、二级</td></tr>
<tr><td>一、二级</td><td>10</td><td>12</td><td>14</td><td>10</td><td>12</td><td>14</td><td>13</td><td>12</td></tr>
<tr><td>三级</td><td>12</td><td>14</td><td>16</td><td>12</td><td>14</td><td>16</td><td>15</td><td>14</td></tr>
<tr><td>四级</td><td>14</td><td>16</td><td>18</td><td>14</td><td>16</td><td>18</td><td>17</td><td>16</td></tr>
<tr><td>高层仓库</td><td>一、二级</td><td>13</td><td>15</td><td>17</td><td>13</td><td>15</td><td>17</td><td>13</td><td>13</td></tr>
<tr><td rowspan="3">民用建筑</td><td>一、二级</td><td>10</td><td>12</td><td>14</td><td>6</td><td>7</td><td>9</td><td>13</td><td rowspan="3">25</td></tr>
<tr><td>三级</td><td>12</td><td>14</td><td>16</td><td>7</td><td>8</td><td>10</td><td>15</td></tr>
<tr><td>四级</td><td>14</td><td>16</td><td>18</td><td>9</td><td>10</td><td>12</td><td>17</td></tr>
</table>

注：① 单层、多层戊类仓库之间的防火间距，可按本表减少 2m。
② 两座仓库相邻较高一面外墙为防火墙，且总占地面积小于等于《防规》第 3.3.2 条 1 座仓库的最大允许占地面积规定时，其防火间距不限。
③ 除乙类第 6 项物品外的乙类仓库，与民用建筑之间的防火间距不宜小于 25m，与重要公共建筑之间的防火间距不宜小于 30m，与铁路、道路等的防火间距不宜小于表 3-6 中甲类仓库与铁路、道路等的防火间距。

（3）当丁、戊类仓库与公共建筑的耐火等级均为一、二级时，其防火间距可按下列规定执行：

1）当较高一面外墙为不开设门窗洞口的防火墙，或比相邻较低一座建筑屋面高 15m 及以下范围内的外墙为不开设门窗洞口的防火墙时，其防火间距可不限；

2）相邻较低一面外墙为防火墙，且屋顶不设天窗，屋顶耐火极限不低于 1.00h，或相邻较高一面外墙为防火墙，且墙上开口部位采取了防火保护措施，其防火间距可适当减小，但不应小于 4m。

《防规》3.5.3

3 高层建筑防火间距（见表 3-10）：

高层建筑防火间距（m） 表 3-10

	高层建筑	裙房	其他民用建筑		
			耐火等级		
			一、二级	三级	四级
高层建筑	13	9	9	11	14
裙房	9	6	6	7	9

《高规》4.2.1

注：① 两座高层建筑相邻较高一面外墙为防火墙或比相邻较低一座建筑屋面高15m及以下范围内的墙为不开设门窗洞口的防火墙时，其防火间距可不限。

《高规》4.2.2

② 相邻的两座高层建筑，较低的一座不设天窗，屋顶的承重构件的耐火极限≥1.0h，且相邻较低一面外墙为防火墙时，防火间距可较上表减少，但不宜小于 4.0m。

《高规》4.2.3

③ 相邻两座高层建筑，相邻较高一面外墙耐火极限≥2h，墙上开口部位设有甲级防火门窗或防火卷帘时，其防火间距可较上表减少，但不宜小于 4.0m。

《高规》4.2.4

④ 高层建筑与厂（库）房的防火间距见表 3-11。

高层建筑与厂（库）房等的防火间距（m） 表 3-11

厂(库)房类别	一类		二类	
	高层建筑	裙房	高层建筑	裙房
丙类厂(库)房耐火等级一、二级	20	15	15	13
耐火等级三、四级	25	20	20	15
丁、戊类厂(库)房耐火等级一、二级	15	10	13	10
耐火等级三、四级	18	12	15	10

《高规》4.2.7

4 汽车库、修车库、停车场防火间距（见表 3-12）：

汽车库、修车库、停车场防火间距（m） **表 3-12**

建筑名称及耐火等级		汽车库、修车库、厂房、库房、民用建筑		
		一、二级	三级	四级
汽车库、修车库	一、二级	10	12	14
	三级	12	14	16
停车场		6	8	10

注：① 高层汽车库与其他建筑物之间，汽车库、修车库与高层工业、民用建筑之间的防火间距应较上表值增加 3m。

② 汽车库、修车库与甲类厂房之间的防火间距应较上表值增加 2m。

以上《汽车库防规》4.2.1

③ 两座建筑物相邻时的防火间距除以下规定外均类同高层建筑之规定：

当较高一面外墙上同较低建筑等高以下范围内的墙为不开设门、窗、洞口的防火墙时，其防火间距可按上表规定值减少 50%。

《汽车库防规》4.2.2～4.2.4

④ 甲、乙类物品运输车车库与民用建筑的防火间距应≥25m；

甲、乙类物品运输车车库与重要的公共建筑的防火间距应≥50m；

甲类物品运输车车库与厂房、库房的防火间距应较上表规定值增加 2m。

《汽车库防规》4.2.5

⑤ 停车场的汽车宜分组停放，每组停车车位数不宜超过 50 辆，组与组之间的防火间距不应小于 6.0m。

《汽车库防规》4.2.12

⑥ 甲、乙类物品运输车车库、修车库应为单层、独立建造。

当停车数≤3 辆时，可与一、二级耐火等级的Ⅳ类汽车库贴邻建造，但应采用防火墙隔开。

《汽车库防规》4.1.3

⑦ 汽车库不应布置在易燃、可燃液体或可燃气体的生产、贮存区内，不应与甲、乙类生产厂房、库房及托、幼、养老院建筑组合建造。

《汽车库防规》4.1.1，4.1.2

⑧ 汽车库、修车库贴邻其他建筑物时，必须采用防火墙隔开。设在其他建筑物内的汽车库和修车库，与其他部分的隔墙耐火极限应≥3.0h，楼板≥2.0h，外墙门窗洞口上方应设宽≥1.0m 的防火挑檐，外墙上、下窗间墙高应≥1.20m。

《汽车库防规》5.1.6

⑨ 汽车库内设置修理车位时，停车部位与修车部位之间应设耐火极限≥3.0h的隔墙和耐火极限≥2.0h 的楼板分隔开。

《汽车库防规》5.1.7

5 汽车加油站、加气站防火间距（见表 3-13，表 3-14）：《汽车加油、加气站设计与施工规范》4.0.4，4.0.5

油罐、加油机和通气管管口与站外建、构筑物的防火距离（m）

表 3-13

<table>
<tr><th colspan="2" rowspan="2">级别
项目</th><th colspan="3">埋地油罐</th><th rowspan="2">通气管管口</th><th rowspan="2">加油机</th></tr>
<tr><th>一级站</th><th>二级站</th><th>三级站</th></tr>
<tr><td colspan="2">重要公共建筑物</td><td>50</td><td>50</td><td>50</td><td>50</td><td>50</td></tr>
<tr><td colspan="2">明火或散发火花地点</td><td>30</td><td>25</td><td>18</td><td>18</td><td>18</td></tr>
<tr><td rowspan="3">民用建筑物保护类别</td><td>一类保护物</td><td>25</td><td>20</td><td>16</td><td>16</td><td>16</td></tr>
<tr><td>二类保护物</td><td>20</td><td>16</td><td>12</td><td>12</td><td>12</td></tr>
<tr><td>三类保护物</td><td>16</td><td>12</td><td>10</td><td>10</td><td>10</td></tr>
<tr><td colspan="2">甲、乙类物品生产厂房、库房和甲、乙类液体储罐</td><td>25</td><td>22</td><td>18</td><td>18</td><td>18</td></tr>
<tr><td colspan="2">其他类物品生产厂房、库房和丙类液体储罐以及容积不大于 50m³ 的埋地甲、乙类液体储罐</td><td>18</td><td>16</td><td>15</td><td>15</td><td>15</td></tr>
<tr><td colspan="2">室外变配电站</td><td>25</td><td>22</td><td>18</td><td>18</td><td>18</td></tr>
<tr><td colspan="2">铁路</td><td>22</td><td>22</td><td>22</td><td>22</td><td>22</td></tr>
<tr><td rowspan="2">城市道路</td><td>快速路、主干路</td><td>10</td><td>8</td><td>8</td><td>8</td><td>6</td></tr>
<tr><td>次干路、支路</td><td>8</td><td>6</td><td>6</td><td>6</td><td>5</td></tr>
<tr><td rowspan="2">架空通信线</td><td>国家一、二级</td><td>1.5 倍杆高</td><td>1 倍杆高</td><td>不应跨越加油站</td><td colspan="2">不应跨越加油站</td></tr>
<tr><td>一般</td><td>不应跨越加油站</td><td>不应跨越加油站</td><td>不应跨越加油站</td><td colspan="2">不应跨越加油站</td></tr>
<tr><td colspan="2">架空电力线路</td><td>1.5 倍杆高</td><td>1 倍杆高</td><td>不应跨越加油站</td><td colspan="2">不应跨越加油站</td></tr>
</table>

注：① 明火或散发火花地点和甲、乙类物品及甲、乙类液体的定义应符合现行国家标准《建筑设计防火规范》的规定。

② 重要公共建筑物及其他民用建筑物保护类别划分应符合本规范附录 C 的规定。

③ 对柴油罐及其通气管管口和柴油加油机，本表的距离可减少 30%。

④ 对汽油罐及其通气管管口，若设有卸油油气回收系统，本表的距离可减少 20%；当同时设置卸油和加油油气回收系统时，本表的距离可减少 30%，但均不得小于 5m。

⑤ 油罐、加油机与站外小于或等于 1000kV·A 箱式变压器、杆装变压器的防火距离，可按本表的室外变配电站防火距离减少 20%。

⑥ 油罐、加油机与郊区公路的防火距离按城市道路确定：高速公路、Ⅰ级和Ⅱ级公路按城市快速路、主干路确定，Ⅲ级和Ⅳ级公路按照城市次干路、支路确定。

液化石油气罐与站外建、构筑物的防火距离（m） 表 3-14

<table>
<tr><th colspan="2" rowspan="2">级别
项目</th><th colspan="3">地上液化石油气罐</th><th colspan="3">埋地液化石油气罐</th></tr>
<tr><th>一级站</th><th>二级站</th><th>三级站</th><th>一级站</th><th>二级站</th><th>三级站</th></tr>
<tr><td colspan="2">重要公共建筑物</td><td>100</td><td>100</td><td>100</td><td>100</td><td>100</td><td>100</td></tr>
<tr><td colspan="2">明火或散发火花地点</td><td rowspan="2">45</td><td rowspan="2">38</td><td rowspan="2">33</td><td rowspan="2">30</td><td rowspan="2">25</td><td rowspan="2">18</td></tr>
<tr><td rowspan="3">民用建筑物保护类别</td><td>一类保护物</td></tr>
<tr><td>二类保护物</td><td>35</td><td>28</td><td>22</td><td>20</td><td>16</td><td>14</td></tr>
<tr><td>三类保护物</td><td>25</td><td>22</td><td>18</td><td>15</td><td>13</td><td>11</td></tr>
<tr><td colspan="2">甲、乙类物品生产厂房、库房和甲、乙类液体储罐</td><td>45</td><td>45</td><td>40</td><td>25</td><td>22</td><td>18</td></tr>
<tr><td colspan="2">其他类物品生产厂房、库房和丙类液体储罐以及容积不大于50m³的埋地甲、乙类液体储罐</td><td>32</td><td>32</td><td>28</td><td>18</td><td>16</td><td>15</td></tr>
<tr><td colspan="2">室外变配电站</td><td>45</td><td>45</td><td>40</td><td>25</td><td>22</td><td>18</td></tr>
<tr><td colspan="2">铁路</td><td>45</td><td>45</td><td>45</td><td>22</td><td>22</td><td>22</td></tr>
<tr><td colspan="2">电缆沟、暖气管沟、下水道</td><td>10</td><td>8</td><td>8</td><td>6</td><td>5</td><td>5</td></tr>
<tr><td rowspan="2">城市道路</td><td>快速路、主干路</td><td>15</td><td>13</td><td>11</td><td>10</td><td>8</td><td>8</td></tr>
<tr><td>次干路、支路</td><td>12</td><td>11</td><td>10</td><td>8</td><td>6</td><td>6</td></tr>
<tr><td rowspan="2">架空通信线</td><td>国家一、二级</td><td>1.5倍杆高</td><td>1.5倍杆高</td><td>1.5倍杆高</td><td>1.5倍杆高</td><td>1倍杆高</td><td>1倍杆高</td></tr>
<tr><td>一般</td><td>1.5倍杆高</td><td>1倍杆高</td><td>1倍杆高</td><td>1倍杆高</td><td>0.75倍杆高</td><td>0.75倍杆高</td></tr>
<tr><td rowspan="2">架空电力线路</td><td>电压>380V</td><td rowspan="2">1.5倍杆高</td><td colspan="2">1.5倍杆高</td><td rowspan="2">1.5倍杆高</td><td colspan="2">1倍杆高</td></tr>
<tr><td>电压≤380V</td><td colspan="2">1倍杆高</td><td colspan="2">0.75倍杆高</td></tr>
</table>

注：① 液化石油气罐与站外一、二、三类保护物地下室的出入口、门窗的距离应按本表一、二、三类保护物的防火距离增加50%。

② 采用小于或等于10m³的地上液化石油气罐整体装配式的加气站，其罐与站外建、构筑物的防火距离，可按本表三级站的地上罐减少20%。

③ 液化石油气罐与站外建筑面积不超过200m²的独立民用建筑物，其防火距离可按本表的三类保护物减少20%，但不应小于三级站的规定。

④ 液化石油气罐与站外小于或等于1000kV·A箱式变压器、杆装变压器的防火距离，可按本表室外变配电站的防火距离减少20%。

⑤ 液化石油气罐与郊区公路的防火距离按城市道路确定：高速公路、Ⅰ级和Ⅱ级公路按城市快速路、主干路确定，Ⅲ级和Ⅳ级公路按照城市次干路、支路确定。

6 变电所、锅炉房、调压站、液化气站防火间距：

（1）民用建筑与单独建造的终端变电所、单台蒸汽锅炉的蒸发量小于等于 4t/h 或单台热水锅炉的额定热功率小于等于 2.8MW 的燃煤锅炉房，其防火间距可按手册 3.2.2.1 的规定执行。

民用建筑与单独建造的其他变电所、燃油或燃气锅炉房及蒸发量或额定热功率大于上述规定的燃煤锅炉房，其防火间距应按手册 3.2.2.2 有关室外变、配电站和丁类厂房的规定执行。10kV 以下的箱式变压器与建筑物的防火间距不应小于 3m。

《防规》5.2.2

（2）调压站与建筑物间的防火间距（见表 3-15）：

调压站（含调压柜）与其他建筑物、构筑物水平净距（m）

表 3-15

设置形式	调压装置入口燃气压力级制	建筑物外墙面	重要公共建筑、一类高层民用建筑	铁路（中心线）	城镇道路	公共电力变配电柜
地上单独建筑	高压(A)	18.0	30.0	25.0	5.0	6.0
	高压(B)	13.0	25.0	20.0	4.0	6.0
	次高压(A)	9.0	18.0	15.0	3.0	4.0
	次高压(B)	6.0	12.0	10.0	3.0	4.0
	中压(A)	6.0	12.0	10.0	2.0	4.0
	中压(B)	6.0	12.0	10.0	2.0	4.0
调压柜	次高压(A)	7.0	14.0	12.0	2.0	4.0
	次高压(B)	4.0	8.0	8.0	2.0	4.0
	中压(A)	4.0	8.0	8.0	1.0	4.0
	中压(B)	4.0	8.0	8.0	1.0	4.0
地下单独建筑	中压(A)	3.0	6.0	6.0	—	3.0
	中压(B)	3.0	6.0	6.0	—	3.0
地下调压箱	中压(A)	3.0	6.0	6.0	—	3.0
	中压(B)	3.0	6.0	6.0	—	3.0

注：① 当调压装置露天设置时，则指距离装置的边缘。

② 当建筑物（含重要公共建筑物）的某外墙为无门、窗洞口的实体墙，且建筑物耐火等级不低于二级时，燃气进口压力级制为中压（A）或中压（B）的调压柜一侧或两侧（非平行），可贴靠上述外墙设置。

③ 当达不到上表净距要求时，采取有效措施，可适当缩小净距。

《城镇燃气设计规范》6.6.3

（3）高层建筑采用可燃气体作燃料时，应采用管道供气。

《高规》4.1.9

当高层建筑采用瓶装液化石油气作燃料时，应设集中瓶装液化气间并应符合以下规定：

总储量不超过 1.0m^3 时可与裙房贴邻建造；

总储量超过 1.0m^3 而未超过 3.0m^3 时应独立建造，且与高层建筑和裙房的防火间距不应小于 10m。

《高规》4.1.11

7 人防工程防火间距：

人防工程采光窗井与相邻地面建筑的最小防火间距（m）　表 3-16

防火间距 / 地面建筑类别和耐火等级 / 人防工程类别	民用建筑			丙、丁、戊类厂房、库房			高层民用建筑		甲、乙类厂房、库房
	一、二级	三级	四级	一、二级	三级	四级	主体	附属	—
丙、丁、戊类生产车间、物品库房	10	12	14	10	12	14	13	6	25
其他人防工程	6	7	9	10	12	14	13	6	25

注：① 防火间距按人防工程有窗外墙与相邻地面建筑外墙的最近距离计算。
② 当相邻的地面建筑物外墙为防火墙时，其防火间距不限。

《人防防规》3.2.2

防空地下室距甲、乙类易燃易爆生产厂房、库房的距离应不小于 50m，距有害液体、重毒气体贮罐间距应不小于 100m。

《人防设计规范》3.1.3

3.2.3 其他建筑间距规定

1 建筑物与市政管线间距（见表 3-17）：

建筑物与市政管线间距（m） **表 3-17**

	电 力 线			热力管线
	(10kV)	(35kV)	(110kV)	
建筑物(突出部)	2.0	3.0	4.0	1.0
道路(路缘)	0.5	0.5	0.5	1.5

《城市综合管线规划规范》表 3.0.8

2 城市高压走廊安全隔离带宽度规定（隔离带内不得设置任何建筑物）：

单杆单回水平排列、单杆多回垂直排列 35～500kV 高压架空电力线规划走廊宽度见表 3-18。

高 压 走 廊 宽 度 **表 3-18**

电 压	35kV	110kV	220kV	500kV
高压走廊宽(m)	12～20	15～25	30～40	60～75

《495 号文》6.2.3

3 架空电力线边导线与建筑物间的安全距离见表 3-19（导线最大计算风偏状态）：

架空电力线边导线与建筑物间的安全距离 **表 3-19**

电压	<1kV	1～10kV	35kV	110kV	220kV	500kV
安全距离(m)	1.0	1.5	3.0	4.0	5.0	8.5

《495 号文》6.2.3

4 厂（库）区围墙与厂（库）区内建筑的间距不宜小于 5m。围墙两侧的建筑之间亦应满足相应的防火间距要求。

《防规》3.4.12，3.5.5

5 为避免对居室的视觉干扰，一般住宅楼生活私密性间距最小为 18m。

《495 号文》2.4.5

6 住宅至道路边缘最小间距，应符合表 3-20 的规定。

住宅至道路边缘最小距离（m）　　表 3-20

<table>
<tr><th colspan="3">路面宽度
与住宅距离</th><th><6m</th><th>6～9m</th><th>>9m</th></tr>
<tr><td rowspan="3">住宅面向道路</td><td rowspan="2">无出入口</td><td>高层</td><td>2</td><td>3</td><td>5</td></tr>
<tr><td>多层</td><td>2</td><td>3</td><td>3</td></tr>
<tr><td colspan="2">有出入口</td><td>2.5</td><td>5</td><td>—</td></tr>
<tr><td colspan="2" rowspan="2">住宅山墙面向道路</td><td>高层</td><td>1.5</td><td>2</td><td>4</td></tr>
<tr><td>多层</td><td>1.5</td><td>2</td><td>2</td></tr>
</table>

注：① 当道路设有人行便道时，其道路边缘指便道边线；
② 表中“—”表示住宅不应向路面宽度大于 9m 的道路开设出入口。

《住宅规范》4.1.2

7 高度大于 2m 的挡土墙和护坡的上缘与住宅水平间距不应小于 3m，护坡下缘与住宅水平间距不应小于 2m。

《住宅规范》4.5.2

4 防火分区

4.1 民用建筑防火分区划分一般规定

4.1.1 民用建筑（九层及九层以下的住宅、建筑高度不超过24m的民用建筑及建筑高度超过24m的单层公共建筑），其防火分区的最大允许建筑面积和长度规定见表4-1。

民用建筑的耐火等级、最多允许层数和防火分区最大允许建筑面积　　表4-1

耐火等级	最多允许层数	防火分区的最大允许建筑面积(m^2)	备注
一、二级	按《防规》第1.0.2条规定	2500	1. 体育馆、剧院的观众厅，展览建筑的展厅，其防火分区最大允许建筑面积可适当放宽； 2. 托儿所、幼儿园的儿童用房和儿童游乐厅等儿童活动场所不应超过3层或设置在四层及四层以上楼层或地下、半地下建筑(室)内
三级	5层	1200	1. 托儿所、幼儿园的儿童用房和儿童游乐厅等儿童活动场所、老年人建筑和医院、疗养院的住院部分不应超过2层或设置在三层及三层以上楼层或地下、半地下建筑(室)内； 2. 商店、学校、电影院、剧院、礼堂、食堂、菜市场不应超过2层或设置在三层及三层以上楼层
四级	2层	600	学校、食堂、菜市场、托儿所、幼儿园、老年人建筑、医院等不应设置在二层
地下、半地下建筑(室)		500	—

注：建筑内设置自动灭火系统时，该防火分区的最大允许建筑面积可按本表的规定增加1.0倍。局部设置时，增加面积可按该局部面积的1.0倍计算。

（编者注：木结构建筑耐火等级为四级，但其允许层数和防火分区划分面积应采用本手册第4.14节规定。）

《防规》5.1.7

4.1.2 当多层建筑物内设置自动扶梯、敞开楼梯等上下层相连通的开口时，其防火分区面积应按上下层相连通的面积叠加计算；其建筑面积之和不应大于表4-1规定的一个防火分区的最大允许建筑面积。

《防规》5.1.9

（编者注：依据附录2国家标准《建筑设计防火规范》管理组公津建字［2007］92号文，办公楼、教学楼等在层数不大于5层时，设置敞开楼梯间可不视为上下层相连通的开口，其防火分区面积可不按上下层连通的面积叠加计算。）

4.1.3 建筑物内设置中庭时，其防火分区面积应按上下层相连通的面积叠加计算；当超过一个防火分区最大允许建筑面积时，应符合下列规定：

1 房间与中庭相通的开口部位应设置能自行关闭的甲级防火门窗；

2 与中庭相通的过厅、通道等处应设置甲级防火门或防火卷帘；防火门或防火卷帘应能在火灾时自动关闭或降落。防火卷帘的设置应符合规范的有关规定；

3 中庭应按规范的有关规定设置排烟设施。

《防规》5.1.10

4.1.4 防火分区之间应采用防火墙分隔。确有困难时可采用符合规范要求的防火卷帘等防火分隔设施。

《防规》5.1.11

4.2 高层建筑防火分区划分规定

4.2.1 高层建筑（10层及10层以上的居住建筑、建筑高度超过24m但未超过250m的公共建筑。）每个防火分区的允许最大建筑面积规定见表4-2。

高层建筑防火分区的允许最大建筑面积 **表 4-2**

建筑类别	每个防火分区允许最大建筑面积
一类建筑	1000m²
二类建筑	1500m²
地下室	500m²

注：① 有自动灭火系统时，上表值可增加一倍；当局部设置自动灭火系统时，增加面积可按该局部面积的一倍计算。

② 一类建筑的电信楼，其防火分区允许建筑面积可按上表值增加50%。

③ 高层建筑内的商业营业厅、展览厅等，当设有火灾自动报警及自动灭火系统并采用难燃材料装修时，地上部分防火分区应≤4000m²，地下部分防火分区应≤2000m²。

《高规》5.1.1，5.1.2

4.2.2 高层建筑与其裙房间有防火墙等防火分隔时，其裙房的防火分区允许最大建筑面积不应大于2500m²。当设有自动喷水灭火系统时，此值可增加一倍。

《高规》5.1.3

4.2.3 高层建筑内设有上下层相连通的走廊、敞开楼梯、自动扶梯、传送带等开口部位时，应按上下连通层作为一个防火分区，其建筑面积之和不应超过上表规定。当上下开口部位设有耐火极限大于3.0h的防火卷帘或水幕等防火分隔设施时，其面积可不叠加计算。

《高规》5.1.4

4.2.4 高层建筑中庭防火分区面积应按上下层连通的面积叠加计算。当超过一个防火分区面积规定时，应符合下列规定：

1 房间与中庭回廊相通的门窗应设自行关闭的乙级防火门窗；

2 与中庭相通的过厅、通道等应设乙级防火门或耐火极限大于3.0h的防火卷帘；

3 中庭每层回廊应设火灾自动报警系统和自动灭火系统。

《高规》5.1.5

4.2.5 托儿所、幼儿园、游乐厅等儿童活动场所不应设置在高层建筑内。当必须设在高层建筑内时应设在建筑物的首层或二、三层并应设置单独出入口。

《高规》4.1.6

4.2.6 高层建筑内的观众厅、会议厅、多功能厅等人员密集场所应设在首层或二、三层。当必须设在其他楼层时，一个厅、室的建筑面积不宜超过 400m^2，一个厅、室的安全出口不应少于两个，同时必须设置火灾自动报警和自动喷水灭火系统。

《高规》4.1.5

4.3 厂房、库房防火分区划分规定

4.3.1 各类厂房的防火分区最大允许占地面积规定见表 4-3。

厂房的耐火等级、层数和占地面积　　　表 4-3

生产类别	耐火等级	最多允许层数	防火分区最大允许占地面积(m^2)			
			单层厂房	多层厂房	高层厂房	厂房的地下室和半地下室
甲	一级 二级	除生产必须采用多层者外，宜采用单层	4000 3000	3000 2000	— —	— —
乙	一级 二级	不限 6	5000 4000	4000 3000	2000 1500	— —
丙	一级 二级 三级	不限 不限 2	不限 8000 3000	6000 4000 2000	3000 2000 —	500 500 —
丁	一、二级 三级 四级	不限 3 1	不限 4000 1000	不限 2000 —	4000 — —	1000 — —
戊	一、二级 三级 四级	不限 3 1	不限 5000 1500	不限 3000 —	6000 — —	1000 — —

注：除甲类厂房以外的一、二级耐火等级的单层厂房，如面积超过本表规定，设置防火墙有困难时，可用防火水幕带或防火卷帘加水幕分隔。

《[illegible]规》3.3.1

4.3.2 各类库房最大允许建筑面积规定见表 4-4。

库房的耐火等级、层数和建筑面积　　表 4-4

储存物品类别		耐火等级	最多允许层数	最大允许建筑面积(m²)						
				单层库房		多层库房		高层库房		库房地下室半地下室
				每座库房	防火分区	每座库房	防火分区	每座库房	防火分区	防火分区
甲	3、4 项	一级	1	180	60	—	—	—	—	—
	1、2、5、6 项	一、二级	1	750	250	—	—	—	—	—
乙	1、3、4 项	一、二级	3	2000	500	900	300	—	—	—
		三级	1	500	250	—	—	—	—	—
	2、5、6 项	一、二级	5	2800	700	1500	500	—	—	—
		三级	1	900	300	—	—	—	—	—
丙	1 项	一、二级	5	4000	1000	2800	700	—	—	150
		三级	1	1200	400	—	—	—	—	—
	2 项	一、二级	不限	6000	1500	4800	1200	4000	1000	300
		三级	3	2100	700	1200	400	—	—	—
丁		一、二级	不限	不限	3000	不限	1500	4800	1200	500
		三级	3	3000	1000	1500	500	—	—	—
		四级	1	2100	700	—	—	—	—	—
戊		一、二级	不限	不限	不限	不限	2000	6000	1500	1000
		三级	3	3000	1000	2100	700	—	—	—
		四级	1	2100	700	—	—	—	—	—

注：仓库防火分区间必须采用防火墙分隔。

《防规》3.3.2

4.3.3 厂房内设置自动灭火系统时，每个防火分区的最大允许建筑面积可按表 4-3 的规定增加 1.0 倍。当丁、戊类的地上厂房内设置自动灭火系统时，每个防火分区的最大允许建筑面积不限。

仓库内设置自动灭火系统时，每座仓库最大允许占地面积和每个防火分区最大允许建筑面积可按表 4-4 的规定增加 1.0 倍。

厂房内局部设置自动灭火系统时，其防火分区增加面积可按该局部面积的1.0倍计算。

《防规》3.3.3

4.3.4 甲、乙类生产场所不应设置在地下或半地下。甲、乙类仓库不应设置在地下或半地下。

《防规》3.3.7

4.3.5 厂房内严禁设置员工宿舍。

办公室、休息室等不应设置在甲、乙类厂房内，当必须与本厂房贴邻建造时，其耐火等级不应低于二级，并应采用耐火极限不低于3.00h的不燃烧体防爆墙隔开和设置独立的安全出口。

在丙类厂房内设置的办公室、休息室，应采用耐火极限不低于2.50h的不燃烧体隔墙和不低于1.00h的楼板与厂房隔开，并应至少设置1个独立的安全出口。如隔墙上需开设相互连通的门时，应采用乙级防火门。

《防规》3.3.8

4.3.6 仓库内严禁设置员工宿舍。

甲、乙类仓库内严禁设置办公室、休息室等，并不应贴邻建造。

在丙、丁类仓库内设置的办公室、休息室，应采用耐火极限不低于2.50h的不燃烧体隔墙和不低于1.00h的楼板与库房隔开，并应设置独立的安全出口。如隔墙上需开设相互连通的门时，应采用乙级防火门。

《防规》3.3.15

4.4 商店建筑防火分区划分规定

4.4.1 高层建筑中商店营业厅（和展厅）等有自动报警系统和自动灭火系统时，防火分区允许最大建筑面积规定如下：

地上部分：4000m^2；地下部分：2000m^2。

《高规》5.1.2

4.4.2 设系统空调或采暖的商店营业厅与空气处理室之间的隔墙应有防火及隔声构造性能，并不得直接开门相通。

《商店建筑设计规范》3.1.11

4.4.3 综合性建筑的商店部分应采用耐火极限≥3.0h 的隔墙与其他建筑部分隔开；商店的安全出口必须与其他部分分开。

《商店建筑设计规范》4.1.4

4.4.4 高层建筑中的地下商店：营业厅不宜设在地下三层及三层以下，并应有防烟排烟设施。应设有火灾自动报警系统和自动灭火系统。当地下商店总建筑面积大于 20000m² 时，应用防火墙分隔且防火墙上不应开设门窗洞口。不应经营和储存甲、乙类物品属性商品。

《高规》4.1.5B

4.4.5 地上商店营业厅、展览建筑的展览厅符合下列条件时，其每个防火分区的最大允许建筑面积可为 10000m²：

1 设置在一、二级耐火等级的单层建筑内或多层建筑的首层；

2 按规范的规定设置有自动喷水灭火系统、排烟设施和火灾自动报警系统；

3 内部装修设计符合现行国家标准《建筑内部装修设计防火规范》GB 50222 的有关规定。

《防规》5.1.12

4.4.6 地下商店应符合下列规定：

1 营业厅不应设置在地下三层及三层以下；

2 不应经营和储存火灾危险性为甲、乙类储存物品属性的商品；

3 当设有火灾自动报警系统和自动灭火系统，且建筑内部装修符合现行国家标准《建筑内部装修设计防火规范》GB

50222 的有关规定时，其营业厅每个防火分区的最大允许建筑面积可增加到 2000m^2；

4 应设置防烟与排烟设施；

5 当地下商店总建筑面积大于 20000m^2 时，应采用不开设门窗洞口的防火墙分隔。相邻区域确需局部连通时，应选择采取下列措施进行防火分隔：

1）下沉式广场等室外开敞空间。该室外开敞空间的设置应能防止相邻区域的火灾蔓延和便于安全疏散；

2）防火隔间。该防火隔间的墙应为实体防火墙，在隔间的相邻区域分别设置火灾时能自行关闭的常开式甲级防火门；

3）避难走道。该避难走道除应符合现行国家标准《人民防空工程设计防火规范》GB 50098 的有关规定外，其两侧的墙应为实体防火墙，且在局部连通处的墙上应分别设置火灾时能自行关闭的常开式甲级防火门；

4）防烟楼梯间。该防烟楼梯间及前室的门应为火灾时能自行关闭的常开式甲级防火门。

《防规》5.1.13

4.5 歌舞娱乐放映游艺场所防火分区划分规定

4.5.1 歌舞厅、录像厅、夜总会、放映厅、卡拉 OK 厅（含具有卡拉 OK 功能的餐厅）、游艺厅（含电子游艺厅）、桑拿浴室（不包括洗浴部分）、网吧等歌舞娱乐放映游艺场所，宜设置在一、二级耐火等级建筑物内的首层、二层或三层的靠外墙部位，不宜布置在袋形走道的两侧或尽端。

当歌舞厅、录像厅、夜总会、放映厅、卡拉 OK 厅（含具有卡拉 OK 功能的餐厅）、游艺厅（含电子游艺厅）、桑拿浴室（不包括洗浴部分）、网吧等歌舞娱乐放映游艺场所必须布置在袋形走道的两侧或尽端时，最远房间的疏散门至最近安全出口的距离不应大于 9m。当必须布置在建筑物内首层、二层或三层以外的其他楼层时，尚应符合下列规定：

1 不应布置在地下二层及二层以下。当布置在地下一层时，地下一层地面与室外出入口地坪的高差不应大于 10m；

2 一个厅、室的建筑面积不应大于 $200m^2$，并应采用耐火极限不低于 2.00h 的不燃烧体隔墙和不低于 1.00h 的不燃烧体楼板与其他部位隔开，厅、室的疏散门应设置乙级防火门；

3 应按规范规定设置防烟与排烟设施。

《防规》5.1.14，5.1.15

4.5.2 附设在建筑中的歌舞娱乐放映游艺场所应采用耐火极限不低于 2.0h 的不燃烧体墙和不低于 1.0h 的楼板与其他场所隔开。墙上开门时应设乙级防火门。

《防规》7.2.2

4.5.3 高层建筑该场所应设在首层或二、三层，宜靠外墙设置，不应布置在袋形走道内。应采用耐火极限≥2.0h 的隔墙和耐火极限≥1.0h 的楼板与其他场所隔开。当墙上必须开门时应设置不低于乙级的防火门。

当必须设在其他楼层时尚应符合下列规定：

1 不应设在地下二层及二层以下。设在地下一层时，地下一层与室外出入口地坪的高差不应大于 10m。

2 一个厅、室的建筑面积不应超过 $200m^2$。

（编者注：观众厅、多功能厅可参照本手册 4.2.6 条规定。）

3 一个厅、室的出口不应少于两个，一个厅、室建筑面积小于 $50m^2$ 时可设一个出口。

4 应设置火灾自动报警系统和自动灭火系统。

5 应设防排烟设施，并符合规范规定。

6 疏散走道和其他主要疏散路线的地面或靠近地面的墙上

应设发光疏散指示标志。

《高规》4.1.5A

4.6 汽车库防火分区划分规定

4.6.1 汽车库：耐火等级为一、二级时，防火分区最大允许建筑面积规定如下：

单层车库：3000m^2

多层车库、半地下车库及设在建筑首层的车库：2500m^2

地下车库、高层车库：2000m^2

（注：有自动灭火系统时，上值可增加一倍）

《汽车库防规》5.1.1，5.1.2

4.6.2 修车库：防火分区最大允许面积≤2000m^2。

当修车库与使用有机溶剂的清洗和喷漆工段采用防火墙分开时，可为4000m^2。

《汽车库防规》5.1.5

4.6.3 甲、乙类物品运输车的汽车库、修车库防火分区允许建筑面积≤500m^2。

《汽车库防规》5.1.4

4.6.4 汽车库、修车库贴邻其他建筑物时，必须用防火墙隔开。

《汽车库防规》5.1.6

4.6.5 汽车库内设置修理车位，以及修车库内使用有机溶剂的清洗和喷漆工段超过3个车位时，均应采取防火分隔措施。

《汽车库防规》5.1.7，5.1.8

4.6.6 敞开式、错层式、斜楼板式车库上下层连通面积叠加计算，其防火分区建筑面积可按3.7.1条规定值增加一倍。

复式车库（详见“名词解释”）防火分区最大允许建筑面积应为4.6.1条规定值的0.65倍。

《汽车库防规》5.1.1

4.7 旅馆建筑防火分区划分规定

旅馆建筑除应符合防火规范有关防火分区的一般规定外尚需符合以下规定：

旅馆建筑中的商店、商品展销厅、餐厅、宴会厅等火灾危险性大、安全要求高的功能区及用房，应独立划分防火分区或设置相应耐火极限的防火分隔，并设置必要的排烟设施。

《旅馆建筑设计规范》4.0.5

4.8 图书馆建筑防火分区划分规定

图书馆建筑防火分区划分除应符合有关防火规范的规定外，尚须符合以下规定：

基本书库、非书资料库、藏阅合一（开架）的阅览空间的防火分区最大允许建筑面积：

单层时应≤1500m²；

多层、建筑高度≤24m时，应≤1000m²；

多层、建筑高度>24m时，应≤700m²；

地下、半地下书库应≤300m²。

注：设有自动灭火系统时，上值可增加一倍。

《图书馆建筑设计规范》6.2.2

4.9 剧场、电影院及体育建筑防火分区划分规定

4.9.1 剧场建筑防火分区划分规定：

剧场建筑防火分区划分除应符合有关防火规范的规定外，尚须符合以下规定：

当剧场建筑与其他建筑合建或毗邻时，应设独立的防火分

区。观众厅应设在首层或二、三层，并应设专用疏散通道通向室外安全地带。

《剧场建筑设计规范》8.1.12，8.2.8

4.9.2 综合建筑内设置电影院：

1 不宜设置在住宅楼、仓库、古建筑内；

2 楼层选择应符合《防规》及《高规》中的相关规定；

3 应形成独立的防火分区，并有单独出入口通向室外，设有人员集散空间。

《电影院建筑设计规范》3.2.6，6.1.2

4.9.3 体育建筑防火分区划分规定：

体育建筑的防火分区，尤其是比赛大厅、训练厅和观众休息厅等大空间处应结合建筑布局、功能分区和使用要求加以划分，并应报当地公安消防部门认定。

《体育建筑设计规范》8.1.3

4.10 住宅建筑防火分区划分规定

4.10.1 住宅与其他功能空间处于同一建筑内时，两者间应采用不开设门窗洞口的防火隔墙和楼板完全分隔。居住部分的安全出口和疏散楼梯应独立设置。

《防规》5.4.6

4.10.2 设有一座防烟楼梯间和消防电梯且≤18 层的塔式住宅楼，每层不得超过 8 户，每层建筑面积不得超过 650m^2。

《高规》6.1.1.1

4.11 医院防火分区划分规定

4.11.1 综合医院的防火分区面积除按有关防火规范确定外，病房部分每层防火分区内尚应根据面积大小和疏散路线进行防火再分隔。

《综合医院建筑设计规范》4.0.3

4.11.2 医院中的洁净手术室或洁净手术部应采用耐火极限不低于2.0h的不燃烧体墙和不低于1.0的楼板与其他场所隔开，墙上开门应为乙级防火门。

《防规》7.2.2

4.12 人防工程防火分区划分规定

4.12.1 每个防火分区的最大允许建筑面积除另有规定者外不应大于500m²。

《人防防规》4.1.2

4.12.2 人防工程中商业营业厅、展厅等的防火分区最大允许建筑面积应≤2000m²；电影院、礼堂观众厅不论有无自动报警和灭火系统，其防火分区最大允许建筑面积均不得大于1000m²。

《人防防规》4.1.3

4.12.3 人防工程内的歌舞娱乐放映游艺场所应采用耐火极限不少于2.0h的隔墙与其他场所隔开，一个厅室的建筑面积不应大于200m²。当墙上开门时应为不低于乙级的防火门。

《人防防规》4.2.4

4.12.4 人防工程库房防火分区允许最大建筑面积规定如下：

丙类库：燃点≥60℃可燃液体库：150m²

可燃固体库：300m²

丁类库：500m²

戊类库：1000m²

设置有自动报警和自动灭火系统时以上规定面积可增加一倍。

《人防防规》4.1.4

4.12.5 水泵房、水库、卫生间等无可燃物的房间可不计入防火分区面积内。

柴油发电机房、锅炉房、水泵间、风机房等应独立划分防火分区。

《人防防规》4.1.1

4.12.6 人防工程防火分区划分宜与防护单元划分相结合。

《人防防规》4.1.1

附：人防工程防护单元、抗爆单元设置规定

1 人防工程上部建筑层数≤9层时（表4-5）：

人防工程防护、抗爆单元设置 **表4-5**

建筑类别		防护单元(m^2)	抗爆单元(m^2)
专业队掩蔽所	队员掩蔽所	≤1000	≤500
	装备掩蔽所	≤4000	≤2000
人员掩蔽所		≤2000	≤500
配套工程		≤4000	≤2000
医疗救护工程		≤1000	≤500

2 当人防上部建筑层数≥10层，可不划分防护单元和抗爆单元。

3 人防工程内部为小开间布置时，可不划分抗爆单元。

《人防设计规范》3.2.6

4.13 锅炉房、变配电间及柴油发电机房防火分区划分规定

4.13.1 燃油或燃气锅炉、油浸电力变压器、充有可燃油的高压电容器和多油开关等用房宜独立建造。当确有困难时可贴邻民用建筑布置，但应采用防火墙隔开，且不应贴邻人员密集场所。

燃油或燃气锅炉、油浸电力变压器、充有可燃油的高压电容器和多油开关等用房受条件限制必须布置在民用建筑内时，不应布置在人员密集场所的上一层、下一层或贴邻，并应符合下列规定：

1 燃油和燃气锅炉房、变压器室应设置在首层或地下一层靠外墙部位，但常（负）压燃油、燃气锅炉可设置在地下二层，当常（负）压燃气锅炉距安全出口的距离大于6m时，可设置在屋顶上。

采用相对密度（与空气密度的比值）大于等于0.75的可燃气体为燃料的锅炉，不得设置在地下或半地下建筑（室）内。

2 锅炉房、变压器室的门均应直通室外或直通安全出口；外墙开口部位的上方应设置宽度不小于1m的不燃烧体防火挑檐或高度不小于1.2m的窗槛墙。

3 锅炉房、变压器室与其他部位之间应采用耐火极限不低于2.00h的不燃烧体隔墙和1.50h的不燃烧体楼板隔开。在隔墙和楼板上不应开设洞口，当必须在隔墙上开设门窗时，应设置甲级防火门窗。

4 当锅炉房内设置储油间时，其总储存量不应大于1m^3，且储油间应采用防火墙与锅炉间隔开；当必须在防火墙上开门时，应设置甲级防火门。

5 变压器室之间、变压器室与配电室之间，应采用耐火极限不低于2.00h的不燃烧体墙隔开。

6 油浸电力变压器、多油开关室、高压电容器室，应设置防止油品流散的设施。油浸电力变压器下面应设置储存变压器全部油量的事故储油设施。

7 锅炉的容量应符合现行国家标准《锅炉房设计规范》GB 50041的有关规定。油浸电力变压器的总容量不应大于1260 kV·A，单台容量不应大于630kV·A。

8 应设置火灾报警装置。

9 应设置与锅炉、油浸变压器容量和建筑规模相适应的灭火设施。

10 燃气锅炉房应设置防爆泄压设施，燃气、燃油锅炉房应设置独立的通风系统，并应符合规范的有关规定。

《防规》5.4.2；《高规》4.1.2

4.13.2 变、配电所不应设置在甲、乙类厂房内或贴邻建造，且不应设置在爆炸性气体、粉尘环境的危险区域内。供甲、乙类厂房专用的10kV及以下的变、配电所，当采用无门窗洞口的防火墙隔开时，可一面贴邻建造，并应符合现行国家标准《爆炸和火灾危险环境电力装置设计规范》GB 50058等规范的有关规定。

乙类厂房的配电所必须在防火墙上开窗时，应设置密封固定的甲级防火窗。

《防规》3.3.14

4.13.3 柴油发电机房布置在民用建筑（含高层民用建筑和裙房）内时应符合下列规定：

1 可布置在建筑物的首层或地下一、二层，不应布置在地下三层及以下。柴油闪点不应小于55℃。

2 应用耐火极限不低于2.0h的隔墙和耐火极限不低于1.5h的楼板与其他部位隔开，门应为甲级防火门。

3 机房内应设总储量不超过8.0h用量的储油间，用防火墙与发电机间隔开，防火墙上的门应为能自动关闭的甲级防火门。

4 应设置自动报警系统和自动灭火系统。

《防规》5.4.3；《高规》4.1.3

4.13.4 民用建筑内设置锅炉房装机容量规定详见表4-6。

民用建筑内设置锅炉房装机容量规定　　表4-6

热能设备	装机容量＼锅炉房	地上首层锅炉房	地下、半地下锅炉房	屋顶锅炉房
蒸汽锅炉	单台额定蒸发量(t/h)	≤6	≤4	／
	总额定蒸发量(t/h)	≤12	≤8	／
	总额定供热输出功率(MW)	≤14	≤8.4	／
热水锅炉	单台额定供热输出功率(MW)	≤7	≤4.2	≤1.4
	热水出口温度	≤95℃	≤95℃	≤95℃
	总额定供热输出功率(MW)	≤14	≤8.4	≤5.6
直燃型溴化锂吸收式冷温水机组	单台额定供热输出功率(MW)	≤7.0	≤4.2	≤2.8
	总额定供热输出功率(MW)	≤14	≤8.4	≤5.6

注：① 地下锅炉房应设在地下一层。

② 燃气锅炉房应考虑防爆泄压设施。

③ 建筑高度超过100m的高层建筑不应设置屋顶锅炉房。

《民用建筑设置锅炉房消防设计规定》3.4，3.5，3.6

4.13.5 当锅炉房与其他建筑物相连或设置在其内部时，严禁设置在人员密集场所和重要部门的上一层、下一层，贴邻位置以及主要通道，疏散口的两旁，并应设置在首层或地下一层靠外墙部位。

《锅炉房设计规范》4.1.3

4.14 木结构建筑防火分区划分规定

木结构建筑不应超过3层。不同层数建筑最大允许长度和防火分区面积不应超过表4-7的规定。

木结构建筑的层数、长度和面积 **表4-7**

层数	最大允许长度(m)	每层最大允许面积(m^2)
1层	100	1200
2层	80	900
3层	60	600

注：安装有自动喷水灭火系统的木结构建筑，每层楼最大允许长度、面积可按本表规定增加1.0倍，局部设置时，增加面积可按该局部面积的1.0倍计算。

《防规》5.5.2；《木结构建筑设计规范》10.3.1

5 建筑防烟及防烟分区划分

5.1 建筑防烟

5.1.1 下列场所应设置排烟设施：

1 丙类厂房中建筑面积大于300m² 的地上房间；人员、可燃物较多的丙类厂房或高度大于32m 的高层厂房中长度大于20m 的内走道；任一层建筑面积大于5000m² 的丁类厂房；

占地面积大于1000m² 的丙类仓库；

公共建筑中经常有人停留或可燃物较多，且建筑面积大于300m² 的地上房间；公共建筑中长度大于20m 的内走道；

中庭；

设置在一、二、三层且房间建筑面积大于200m² 或设置在四层及四层以上或地下、半地下的歌舞娱乐放映游艺场所；

总建筑面积大于200m² 或一个房间建筑面积大于50m² 且经常有人停留或可燃物较多的地下、半地下建筑或地下室、半地下室；

其他建筑中地上长度大于40m 的疏散走道。

《防规》9.1.3

2 一类高层建筑和建筑高度超过32m 的二类高层建筑的下列部位应设排烟设施：

（1）长度超过20m 的内走道；

（2）面积超过100m² 且经常有人停留或可燃物较多的房间；

（3）高层建筑的中庭和经常有人停留或可燃物较多的地下室。

《高规》8.1.3

5.1.2 建筑的防烟设施可采用机械加压送风防烟或可开启外窗的自然排烟方式。

高层建筑的排烟设施应分机械排烟设施和可开启外窗的自然排烟设施。

《防规》9.1.1；《高规》8.1.2

5.1.3 除建筑高度超过 50m 的一类公建及厂房（仓库）和建筑高度超过 100m 的居住建筑外，靠外墙的防烟楼梯间及其前室、消防电梯间前室和合用前室，宜采用自然排烟方式。

《防规》9.2.1；《高规》8.2.1

5.1.4 采用自然排烟的开窗面积应符合下列规定：

1 防烟楼梯间前室、消防电梯间前室可开启外窗面积不应小于 2.0m^2，合用前室不应小于 3.0m^2；

2 靠外墙的防烟楼梯间每五层内可开启外窗总面积之和不应小于 2.0m^2；

3 长度不超过 60m 的内走道和其他需要排烟的房间，可开启外窗面积不应小于走道面积的 2%(《防规》规定为 2%～5%)；

4 剧场舞台及净空高度小于 12m 的中庭，可开启天窗（或高侧窗）的面积不应小于该处地面面积的 5%。

《高规》8.2.2；《防规》9.2.2

5.1.5 防烟楼梯间前室或合用前室，采用敞开的阳台、凹廊或前室内有不同朝向的且开窗面积符合规范规定的可开启外窗自然排烟时，可不设机械防烟设施。

《防规》9.2.3；《高规》8.2.3

5.1.6 不具备自然排烟条件的防烟楼梯间及其前室、消防电梯间前室或合用前室及封闭避难层应设置独立的机械送风的防烟设施。

《防规》9.3.1；《高规》8.3.1

5.1.7 一类高层建筑和建筑高度超过 32m 的二类高层建筑的下列部位，应设机械排烟设施：

1 无直接自然通风且长度超过 20m 的内走道或虽有直接自然通风，但长度超过 60m 的内走道；

2 面积超过 100m^2 且经常有人停留或可燃物较多的地上无窗（或为固定窗）的房间；

3 不具备自然排烟条件或净空高度超过 12m 的中庭；

4 除利用窗井等进行自然排烟的房间外，各房间总面积超过 200m^2 或一个房间面积超过 50m^2 且经常有人停留或可燃物较多的地下室。

《高规》8.4.1

5.1.8 带裙房的高层建筑的防烟楼梯间、消防电梯间，当裙房以上部分利用可开启外窗进行自然排烟，裙房部分不具备自然排烟条件时，其前室或合用前室应设置局部正压送风防烟系统。

《高规》8.4.3

5.2 防烟分区划分规定

5.2.1 设有排烟设施的走道、净高不超过 6.0m 的房间，应采用挡烟垂壁、隔墙或从顶棚下突不小于 0.5m 的梁划分防烟分区。

5.2.2 每个防烟分区的建筑面积不宜超过 500m^2。

5.2.3 防烟分区不应跨越防火分区。

《防规》9.4.2；《高规》5.1.6

6 室内安全疏散

6.1 安全出口设置规定

6.1.1 民用建筑安全出口设置一般规定

1 公共建筑和通廊式非住宅类居住建筑中各房间疏散门的数量应经计算确定，且不应少于2个，该房间相邻2个疏散门最近边缘之间的水平距离不应小于5m。当符合下列条件之一时，可设置1个：

(1) 房间位于2个安全出口之间，且建筑面积小于等于120m²，疏散门的净宽度不小于0.9m；

(2) 除托儿所、幼儿园、老年人建筑外，房间位于走道尽端，且由房间内任一点到疏散门的直线距离小于等于15m、其疏散门的净宽度不小于1.4m；

(3) 歌舞娱乐放映游艺场所内建筑面积小于等于50m² 的房间。

《防规》5.3.8

2 公共建筑内的每个防火分区、一个防火分区内的每个楼层，其安全出口的数量应经计算确定，且不应少于2个。当符合下列条件之一时，可设一个安全出口或疏散楼梯：

(1) 除托儿所、幼儿园外，建筑面积小于等于200m² 且人数不超过50人的单层公共建筑；

(2) 除医院、疗养院、老年人建筑及托儿所、幼儿园的儿童用房和儿童游乐厅等儿童活动场所等外，符合表6-1规定的2、3层公共建筑。

公共建筑可设置1个疏散楼梯的条件　表6-1

耐火等级	最多层数	每层最大建筑面积(m^2)	人数
一、二级	3层	500	第二层和第三层的人数之和不超过100人
三级	3层	200	第二层和第三层的人数之和不超过50人
四级	2层	200	第二层人数不超过30人

《防规》5.3.2

3　一、二级耐火等级的公共建筑，当设置不少于2部疏散楼梯且顶层局部升高部位的层数不超过2层、人数之和不超过50人、每层建筑面积小于等于200m^2时。该局部高出部位可设置1部与下部主体建筑楼梯间直接连通的疏散楼梯，但至少应另外设置1个直通主体建筑上人平屋面的安全出口，该上人屋面应符合人员安全疏散要求。

《防规》5.3.4

4　闷顶内有可燃物的建筑，应在每个防火隔断范围内设置不小于0.7m×0.7m的闷顶入口，且公共建筑的每个防火隔断范围内的闷顶入口不宜少于2个。闷顶入口宜布置在走廊中靠近楼梯间的部位。

《防规》7.3.3

5　相邻两个安全出口或疏散口近边水平间距不应小于5.0m。

《住宅规范》9.5.1，《防规》5.3.1，《高规》6.1.5

6　连接两座建筑物的天桥，当天桥采用不燃烧体且通向天桥的出口符合安全出口的设置要求时，该出口可作为建筑物的安全出口。

《防规》7.6.4

7　建筑物直通室外的安全出口上方，应设置宽度不小于1.00m的防火挑檐。

《高规》6.1.17

6.1.2　住宅建筑安全出口设置规定

1　10层以下的住宅建筑，当住宅单元任一层的建筑面积大于 650m²，或任一套房的户门至安全出口的距离大于 15m 时，该住宅单元每层的安全出口不应少于 2 个；

10 层及 10 层以上但不超过 18 层的住宅建筑，当住宅单元任一层的建筑面积大于 650m²，或任一套房的户门至安全出口的距离大于 10m 时，该住宅单元每层的安全出口不应少于 2 个；

19 层及 19 层以上的住宅建筑，每个住宅单元每层的安全出口不应少于 2 个。

《住宅规范》9.5.1

2 高层单元式住宅，每个单元的疏散楼梯均应通至屋顶。

《高规》6.2.3

高层单元式住宅如每个单元设有通向屋顶的疏散楼梯，相邻单元通过屋顶可连通，单元之间设有防火墙、户门为甲级防火门、窗间墙宽度及窗槛墙高度均为大于 1.20m 的不燃烧体墙时：

18 层及 18 层以下可只设一个安全出口；

超过 18 层则 18 层以上每层相邻单元的楼梯通过阳台或凹廊连通（此时屋顶可不连通）时方可只设一个安全出口。

《高规》6.1.1.2

3 18 层及 18 层以下，每层不超过 8 户，建筑面积不超过 650m²，且设有一座防烟楼梯间和消防电梯的塔式住宅可只设一个安全出口。

《高规》6.1.1.1

4 居住建筑单元任一层建筑面积大于 650m²，或任一住户的户门至安全出口的距离大于 15m 时，该建筑单元每层安全出口不应少于 2 个。当通廊式非住宅类居住建筑超过表 6-2 规定时，安全出口不应少于 2 个。

通廊式非住宅类居住建筑可设置 1 个疏散楼梯的条件　表 6-2

耐火等级	最多层数	每层最大建筑面积（m²）	人　数
一、二级	3 层	500	第二层和第三层的人数之和不超过 100 人
三级	3 层	200	第二层和第三层的人数之和不超过 50 人
四级	2 层	200	第二层人数不超过 30 人

《防规》5.3.11

5 宿舍楼≤9层、面积≤500m²/层、≤30人/层时可设一部疏散楼梯。

《宿舍建筑设计规范》3.5.1

6 商住楼中住宅的疏散楼梯应独立设置。

《住宅规范》9.1.3；《高规》6.1.3A

住宅与附建公共用房的出入口应分开布置。

《住宅规范》9.1.3；《住宅设计规范》4.5.4

7 七层及七层以上住宅入口平台宽度不应小于2.0m。

《住宅规范》5.3.3

8 在楼梯间的首层应设置直接对外的出口，或将对外出口设置在距楼梯间不超过15m处。

《住宅规范》9.5.3

6.1.3 地下、半地下建筑安全出口设置规定

1 地下、半地下建筑（室）安全出口和房间疏散门的设置应符合下列规定：

（1）每个防火分区的安全出口数量应经计算确定，且不应少于2个。当平面上有2个或2个以上防火分区相邻布置时，每个防火分区可利用防火墙上1个通向相邻分区的防火门作为第二安全出口，但必须有1个直通室外的安全出口；

（2）使用人数不超过30人且建筑面积小于等于500m²的地下、半地下建筑（室），其直通室外的金属竖向梯可作为第二安全出口；

（3）房间建筑面积小于等于50m²，且经常停留人数不超过15人时，可设置1个疏散门；

（4）歌舞娱乐放映游艺场所的安全出口不应少于2个，其中每个厅室或房间的疏散门不应少于2个。当其建筑面积小于等于50m²且经常停留人数不超过15人时，可设置1个疏散门；

（5）地下商店和设置歌舞娱乐放映游艺场所的地下建筑（室），当地下层数为3层及3层以上或地下室内地面与室外出入

口地坪高差大于 10m 时，应设置防烟楼梯间；其他地下商店和设置歌舞娱乐放映游艺场所的地下建筑，应设置封闭楼梯间；

（6）地下、半地下建筑的疏散楼梯间应符合本手册 7.1.7 条的规定。

《防规》5.3.12

2 高层建筑地下室、半地下室每个防火分区的安全出口不应少于 2 个。当有两个或两个以上防火分区相邻布置时，如相邻防火分区之间的防火墙上设有防火门时，每个防火分区可分别设一个直通室外的安全出口。

高层建筑地下、半地下室房间面积≤$50m^2$，且人数≤15 人的房间可设一个门。

《高规》6.1.12

（编者注：地下建筑除人员出入口外，设有大型设备的地下建筑还应设置设备吊装口。）

6.1.4 高层建筑安全出口设置规定

1 除地下室外的相邻的两个防火分区，当防火墙上有防火门连通且两个防火分区建筑面积之和不超过规范规定的一个防火分区面积的 1.4 倍的公共建筑可只设一个安全出口（有自动喷水灭火系统亦按此计算面积）。

《高规》6.1.1

2 公共建筑中，位于两个安全出口之间的房间，当其建筑面积不超过 $60m^2$ 时，可设置一个门，门净宽不应小于 0.9m；位于走道尽端的房间不超过 $75m^2$ 时可设置一个门，门净宽不应小于 1.40m。

《高规》6.1.8

3 高层公共建筑的大空间设计，必须符合双向疏散或袋形走道疏散的规定。

《高规》6.1.4

4 建筑高度超过 100m 的公共建筑，应设置避难层（间）。首层至第一个避难层或两个避难层之间不宜超过 15 层。

《高规》6.1.13

5 除18层及18层以下每层不超过8户，建筑面积不超过650m²的塔式住宅和顶层为外通廊式的住宅外的高层建筑，通向屋顶的疏散楼梯不宜少于两座，且不应穿越其他房间，通向屋顶的门应向屋顶方向开启。

《高规》6.2.7

6 高层单元式住宅，每个单元的疏散楼梯均应通至屋顶。

《高规》6.2.3

6.1.5 汽车库安全出口设置规定

1 汽车库、修车库的人员安全出口和汽车疏散出口应分开设置。人员安全出口不应少于两个。但Ⅳ类车库（≤50辆）或同一时间人数≤25人时，可设一个人员出入口。

《汽车库防规》6.0.1，6.0.2

2 大、中型汽车库（51～500辆）库址的车辆出入口不应少于两个；特大型库（>500辆）库址的车辆出入口不应少于3个。汽车出入口间的净距应>15m，汽车库应设人员专用出入口。

《汽车库设计规范》3.2.4

3 汽车库、修车库的汽车疏散出口不应少于两个，但符合下列条件之一的可设一个：

（1）Ⅳ类汽车库（≤50辆）；

（2）汽车疏散坡道为双车道的Ⅲ类地上车库（51～300辆）；

（3）停车数<100辆的地下车库；

（4）Ⅱ、Ⅲ、Ⅳ类修车库（2～15个车位）。

《汽车库防规》6.0.6

4 停车数大于150辆的地上车库和大于100辆的地下车库，当采用错层式或斜楼板式且车道和坡道为双车道时，其首层或地下一层至室外的汽车疏散出口不应少于两个，其他楼层汽车疏散坡道可为一个。

《汽车库防规》6.0.7

5 地下车库出入口距道路交叉口或高架路起坡点不应小于 7.50m；地下车库出入口与道路垂直相交时，出入口与道路红线应有不小于 7.50m 的安全距离；

地下车库出入口与道路平行时，应经不小于 7.5m 长的缓冲车道汇入基地道路。

《通则》5.2.4

车库车辆出入口边线内 2m 处作视点，向外 120°范围内至边线外 7.50m 以上不应有遮挡视线的障碍物。

《汽车库设计规范》3.2.8

6.1.6 厂房、库房安全出口设置规定

1 厂房的每个防火分区、一个防火分区内的每个楼层，其安全出口的数量应经计算确定，且不应少于 2 个；当符合下列条件时，可设置 1 个安全出口：

（1）甲类厂房，每层建筑面积小于等于 100m²，且同一时间的生产人数不超过 5 人；

（2）乙类厂房，每层建筑面积小于等于 150m²，且同一时间的生产人数不超过 10 人；

（3）丙类厂房，每层建筑面积小于等于 250m²，且同一时间的生产人数不超过 20 人；

（4）丁、戊类厂房，每层建筑面积小于等于 400m²，且同一时间的生产人数不超过 30 人；

（5）地下、半地下厂房或厂房的地下室、半地下室，其建筑面积小于等于 50m²，经常停留人数不超过 15 人。

《防规》3.7.2

2 地下、半地下厂房或厂房的地下室、半地下室，当有多个防火分区相邻布置，并采用防火墙分隔时，每个防火分区可利用防火墙上通向相邻防火分区的甲级防火门作为第二安全出口，但每个防火分区必须至少有 1 个直通室外的安全出口。

《防规》3.7.2

3 仓库的安全出口应分散布置。每个防火分区、一个防火分区的每个楼层，其相邻2个安全出口最近边缘之间的水平距离不应小于5m。

《防规》3.8.1

每座仓库的安全出口不应少于2个，当一座仓库的占地面积小于等于300m² 时，可设置1个安全出口。仓库内每个防火分区通向疏散走道、楼梯或室外的出口不宜少于2个，当防火分区的建筑面积小于等于100m² 时，可设置1个。通向疏散走道或楼梯的门应为乙级防火门。

《防规》3.8.2

4 地下、半地下仓库或仓库的地下室、半地下室的安全出口不应少于2个；当建筑面积小于等于100m² 时，可设置1个安全出口。

地下、半地下仓库或仓库的地下室、半地下室当有多个防火分区相邻布置，并采用防火墙分隔时，每个防火分区可利用防火墙上通向相邻防火分区的甲级防火门作为第二安全出口，但每个防火分区必须至少有1个直通室外的安全出口。

《防规》3.8.3

5 甲、乙类厂房和库房内不应设办公室、休息室。设在丙、丁类厂房、库房内的办公室、休息室应用防火隔墙和楼板作分隔，并应设置独立的安全出口。如隔墙上开设连通的门，应采用乙级防火门。

《防规》3.3.8，3.3.15

6.1.7 医院建筑安全出口设置规定

1 综合医院建筑的出入口不应少于两处，人员出入口和尸体、废弃物出口应分开设置并避免路线交叉。

《综合医院建筑设计规范》2.2.2，2.2.4

2 每个护理单元应有两个不同方向的安全出口。

尽端式护理单元或自成一区的治疗用房，其远点房门至外部安全出口的距离如均未超过《防规》规定时，可只设一个出口。

《综合医院建筑设计规范》4.0.5

6.1.8 剧场、电影院、图书馆及体育建筑安全出口设置规定

1 剧场建筑后台应有不少于两个直通室外的安全出口；乐池和台仓出口不应少于两个。

《剧场建筑设计规范》8.2.5，8.2.6

剧场楼座与池座应分别布置出口。楼座至少有两个独立的出口，不足50人时可设一个出口。

《剧场建筑设计规范》8.2.1

剧院、电影院和礼堂的观众厅，其疏散门的数量应经计算确定，且不应少于2个。每个疏散门的平均疏散人数不应超过250人；当容纳人数超过2000人时，其超过2000人的部分，每个疏散门的平均疏散人数不应超过400人。

《防规》5.3.9

2 图书馆建筑中，超过300座位的报告厅应独立设置安全出口并不得少于两个安全出口。

《图书馆建筑设计规范》6.4.4

3 电影院放映室至少有一个外开门通至疏散走道，其楼梯和出入口不得与观众厅合用。

《电影院建筑设计规范》4.4.8

4 体育建筑中独立的看台安全出口不应少于两个，且每个安全出口平均疏散人数：体育馆不宜超过400～700人，体育场不宜超过1000～2000人。

注：视规模大小采用限值内的疏散人数。

《体育建筑设计规范》4.3.8

体育馆的观众厅，其疏散门的数量应经计算确定，且不应少于2个，每个疏散门的平均疏散人数不宜超过400～700人。

《防规》5.3.10

6.1.9 歌舞娱乐放映游艺场所安全出口设置规定

详见本手册第4.5节。

6.1.10 商店建筑安全出口设置规定

1 综合建筑中，商店的安全出入口必须与其他部分隔开。

《商店建筑设计规范》4.1.4

2 大型百货商店、商场的营业层设在五层以上时，宜设直通屋顶平台的疏散楼梯，且不少于两部。

《商店建筑设计规范》4.2.4

3 超过2层的商业建筑应设封闭楼梯间。

《防规》5.3.5

6.1.11 配电室、锅炉房安全出口设置规定

1 配电室：

（1）高压配电室值班室应有直接通向户外或通向户内公共走道的门。

《10kV及以下变电所设计规范》4.1.6

（2）长度大于7m的配电装置室应设两个出口，并宜布置在配电室两端。当配电室为双层布置时，位于楼上的配电室至少应设一个通向室外平台或通道的出口。

《民用建筑电气设计规范》4.9.11

（3）长度大于7m的配电室应在配电室的两端各设一个出口，长度大于60m时，应增加一个出口。

《通则》8.3.1

2 锅炉房：

（1）锅炉房出入口的设置，必须符合下列规定：

① 出入口不应少于2个。但对独立锅炉房，当炉前走道总长度小于12m，且总建筑面积小于200m^{2}时，其出入口可设1个；

② 非独立锅炉房，其人员出入口必须有1个直通室外；

③ 锅炉房为多层布置时，其各层的人员出入口不应少于2个。楼层上的人员出入口，应有直接通向地面的安全楼梯。

《锅炉房建筑设计规范》5.3.6

（2）建筑面积＞100m^{2}的锅炉房应设两个安全疏散出口。

《民用建筑设置锅炉房消防设计规范》3.2.1

（3）燃油或燃气锅炉、油浸电力变压器、充有可燃油的高压电容器及多油开关若受条件限制需布置在高层建筑中时，锅炉房和变压器室的门均应直通室外或直通安全出口。外墙上的门、窗等开口部位上方应设置宽度不小于1.0m的不燃烧体防火挑檐或高度不小于1.20m的窗槛墙。

《高规》4.1.2.2

6.1.12 人防工程安全出口设置规定

1 人防工程每个防火分区安全出口不应少于两个。当有两个或两个以上的防火分区，相邻的防火分区之间的防火墙上设有防火门时，每个防火分区可设一个通向室外的安全出口。

《人防防规》5.1.1

2 人防工程避难专道直通地面的出口不应少于两个并应设置在不同方向。

《人防防规》5.2.4

3 人防工程内建筑面积≤500m² 且室内地坪与室外出入口地面高差不大于10m、人数≤30人的防火分区设有金属梯直通地面的竖井时可只设一个安全出口或一个与相邻防火分区相通的防火门。

《人防防规》5.1.1

4 建筑面积≤200m² 且经常停留人数≤3人的防火分区，可只设一个通向相邻防火分区的防火门。

《人防防规》5.1.1.4

5 人防工程内建筑面积≤50m² 且经常停留人数≤15人的房间，可设一个门。

《人防防规》5.1.2

6 防空地下室战时使用的出入口，其设置应符合下列规定：

（1）防空地下室的每个防护单元不应少于两个出入口（不包括竖井式出入口、防护单元之间的连通口），其中至少有一个室外出入口（竖井式除外）。战时主要出入口应设在室外（符合第

6 条规定的防空地下室除外)。

(2) 消防专业队装备掩蔽部的室外车辆出入口不应少于两个；中心医院、急救医院和建筑面积大于 6000m^2 的物资库等防空地下室的室外出入口不宜少于两个。设置的两个室外出入口宜朝向不同方向，且宜保持最大距离。

(3) 符合下列条件之一的两个相邻防护单元，可在防护密闭门外共设一个室外出入口。相邻防护单元的抗力级别不同时，共设的室外出入口应按高抗力级别设计：

1) 当两相邻防护单元均为人员掩蔽工程时或其中一侧为人员掩蔽工程另一侧为物资库时；

2) 当两相邻防护单元均为物资库，且其建筑面积之和不大于 6000m^2 时。

《人防设计规范》3.3.1

7 符合下列规定的防空地下室，可不设室外出入口：

(1) 乙类防空地下室当符合下列条件之一时：

1) 与具有可靠出入口（如室外出入口）的，且其抗力级别不低于该防空地下室的其他人防工程相连通；

2) 上部地面建筑为钢筋混凝土结构（或钢结构）的常 6 级乙类防空地下室，当符合下列各项规定时：

① 主要出入口的首层楼梯间直通室外地面，且其通往地下室的梯段上端至室外的距离不大于 5.00m；

② 主要出入口与其中的一个次要出入口的防护密闭门之间的水平直线距离不小于 15.00m，且两个出入口楼梯结构均按主要出入口的要求设计。

(2) 因条件限制（主要指地下室已占满红线时）无法设置室外出入口的核 6 级、核 6B 级的甲类防空地下室，当符合下列条件之一时：

1) 与具有可靠出入口（如室外出入口）的，且其抗力级别不低于该防空地下室的其他人防工程相连通；

2) 当上部地面建筑为钢筋混凝土结构（或钢结构），且防空地下室的主要出入口满足下列各项条件时：

① 首层楼梯间直通室外地面，且其通往地下室的梯段上端至室外的距离不大于 2.00m；

② 在首层楼梯间由梯段至通向室外的门洞之间，设置有与地面建筑的结构脱开的防倒塌棚架；

③ 首层楼梯间直通室外的门洞外侧上方，设置有挑出长度不小于 1.00m 的防倒塌挑檐（当地面建筑的外墙为钢筋混凝土剪力墙结构时可不设）；

④ 主要出入口与其中的一个次要出入口的防护密闭门之间的水平直线距离不小于 15.00m。

《人防设计规范》3.3.2

8 甲类防空地下室中，其战时作为主要出入口的室外出入口通道的出地面段（即无防护顶盖段），宜布置在地面建筑的倒塌范围以外。甲类防空地下室设计中的地面建筑的倒塌范围，宜按表 6-3 确定。

甲类防空地下室地面建筑倒塌范围　　表 6-3

防核武器抗力级别	地面建筑结构类型	
	砌体结构	钢筋混凝土结构、钢结构
4、4B	建筑高度	建筑高度
5、6、6B	0.5 倍建筑高度	5.00m

注：① 表内“建筑高度”系指室外地平面至地面建筑檐口或女儿墙顶部的高度。
② 核 5 级、核 6 级、核 6B 级的甲类防空地下室，当毗邻出地面段的地面建筑外墙为钢筋混凝土剪力墙结构时，可不考虑其倒塌影响。

《人防设计规范》3.3.3

9 在甲类防空地下室中，其战时作为主要出入口的室外出入口通道的出地面段（即无防护顶盖段）应符合下列规定：

(1) 当出地面段设置在地面建筑倒塌范围以外，且因平时使用需要设置口部建筑时，宜采用单层轻型建筑；

(2) 当出地面段设置在地面建筑倒塌范围以内时，应采取下列防堵塞措施：

1）核4级、核4B级的甲类防空地下室，其通道出地面段上方应设置防倒塌棚架；

2）核5级、核6级、核6B级的甲类防空地下室，平时设有口部建筑时，应按防倒塌棚架设计；平时不宜设置口部建筑的，其通道出地面段的上方可采用装配式防倒塌棚架临战时构筑，且其做法应符合规范的相关规定。

《人防设计规范》3.3.4

10 人员掩蔽工程战时出入口的门洞净宽之和，应按掩蔽人数每100人不小于0.30m计算确定。每樘门的通过人数不应超过700人，出入口通道和楼梯的净宽不应小于该门洞的净宽。两相邻防护单元共用的出入口通道和楼梯的净宽，应按两掩蔽入口通过总人数的每100人不小于0.30m计算确定。

注：门洞净宽之和不包括竖井式出入口、与其他人防工程的连通口和防护单元之间的连通口。

《人防设计规范》3.3.8

11 乙类防空地下室和核5级、核6级、核6B级的甲类防空地下室，其独立式室外出入口不宜采用直通式；核4级、核4B级的甲类防空地下室的独立式室外出入口不得采用直通式。独立式室外出入口的防护密闭门外通道长度（其长度可按防护密闭门以外有防护顶盖段通道中心线的水平投影的折线长计，对于楼梯式、竖井式出入口可计入自室外地平面至防护密闭门洞口高1/2处的竖向距离，下同）不得小于5.00m。

战时室内有人员停留的核4级、核4B级、核5级的甲类防空地下室，其独立式室外出入口的防护密闭门外通道长度还应符合下列规定：

（1）对于通道净宽不大于2m的室外出入口，核5级甲类防空地下室的直通式出入口通道的最小长度应符合表6-4的规定；单向式、穿廊式、楼梯式和竖井式的室外出入口通道的最小长度应符合表6-5的规定；

（2）通道净宽大于2m的室外出入口，其通道最小长度应按表6-4和表6-5的通道最小长度值乘以修正系数ζ_X，其ζ_X值可按下式计算：

$$\zeta_X = 0.8b_T - 0.6$$

式中 ζ_X——通道长度修正系数；

b_T——通道净宽（m）。

核5级直通式室外出入口通道最小长度（m）　　表6-4

城市海拔(m)	剂量限值(Gy)	钢筋混凝土人防门	钢结构人防门
≤200	0.1	5.50	9.50
	0.2	5.00	7.00
>200 ≤1200	0.1	7.00	12.00
	0.2	5.00	8.50
>1200	0.1	9.00	15.50
	0.2	6.50	11.00

有90°拐弯的室外出入口通道最小长度（m）　　表6-5

城市海拔(m)	剂量限值(Gy)	防核武器抗力级别					
		钢筋混凝土人防门			钢结构人防门		
		5	4B	4	5	4B	4
≤200	0.1	5.00	6.50	8.00	7.00	9.00	12.00
	0.2		6.00	7.00	6.00	8.00	10.00
>200 ≤1200	0.1		7.00	9.00	8.00	10.00	14.00
	0.2		6.00	7.50	6.00	8.00	11.00
>1200	0.1		7.50	10.00	9.00	11.00	16.00
	0.2		6.50	8.50	7.00	9.00	13.00

注：① 表中钢筋混凝土人防门系指钢筋混凝土防护密闭门和钢筋混凝土密闭门；钢结构人防门系指钢结构防护密闭门和钢结构密闭门。

② 甲类防空地下室的剂量限值按规范相关规定确定。

《人防设计规范》3.3.10

12 战时室内有人员停留的乙类防空地下室、核6B级甲类防空地下室和装有钢筋混凝土人防门的核6级甲类防空地下室，其室内出入口有、无90°拐弯以及其防护密闭门与密闭门之间的通道（亦称内通道）长度均可按建筑需要确定；战时室内有人员停留的核4级、核4B级、核5级的甲类防空地下室和装有钢结构人防门的核6级甲类防空地下室的室内出入口不宜采用无拐弯形式，且其具有一个90°拐弯的室内出入口内通道最小长度，应符合表6-6的规定。

具有一个90°拐弯的室内出入口内通道最小长度（m）　表6-6

城市海拔（m）	剂量限值（Gy）	防核武器抗力级别						
		钢筋混凝土门			钢结构门			
		5	4B	4	6	5	4B	4
≤200	0.1	2.00	3.00	4.00	2.00	4.00	6.00	8.00
	0.2	※	2.50	3.00	※	3.00	5.00	6.00
>200 ≤1200	0.1	2.50	3.50	5.00	2.50	5.00	7.00	10.00
	0.2	2.00	3.00	3.50	2.00	4.00	6.00	7.00
>1200	0.1	3.00	4.00	6.00	3.00	6.00	8.00	12.00
	0.2	2.50	3.50	4.50	2.50	5.00	7.00	9.00

《人防设计规范》3.3.14

13 备用出入口可采用竖井式，并宜与通风竖井合并设置。竖井的平面净尺寸不宜小于1.0m×1.0m。与滤毒室相连接的竖井式出入口上方的顶板宜设置吊钩。当竖井设在地面建筑倒塌范围以内时，其高出室外地平面部分应采取防倒塌措施。

《人防设计规范》3.3.19

14 防空地下室的战时出入口应按表6-7的规定，设置密闭通道、防毒通道、洗消间或简易洗消。

战时出入口的防毒通道、洗消设施和密闭通道　　表 6-7

工程类别	医疗救护工程、专业队队员掩蔽部、一等人员掩蔽所、生产车间、食品站		二等人员掩蔽所、电站控制室		物资库、区域供水站
	主要口	其他口	主要口	其他口	各出入口
密闭通道	—	1	—	1	1
防毒通道	2	—	1	—	—
洗消间	1	—	—	—	—
简易洗消	—	—	1	—	—

注：其他口包括战时的次要出入口、备用出入口和与非人防地下建筑的连通口等。

《人防设计规范》3.3.20

6.1.13　消防控制室、消防水泵房安全出口设置规定

1　附设在建筑物内的消防控制室，宜设在建筑物内的首层或地下一层，且应采用耐火极限不低于 2.0h 的隔墙和 1.5h 的楼板与其他部位隔开并设置直通室外的安全出口。

《高规》4.1.4；《防规》11.4.4，7.2.5

2　消防水泵房设在首层时，其出口宜直通室外。当设在地下室或其他楼层时，其出口应直通安全出口。

《高规》7.5.2

消防水泵房有条件时应设直通室外的出口；设在楼层的消防水泵房应靠近安全出口。

（编者注：该条条文说明为“紧靠安全出口”，《民用建筑电气设计规范》13.11.6 条具体规定为“距通往室外安全出口不应大于 20m。”）

《防规》8.6.4

6.2　疏散距离规定

6.2.1　一般民用建筑安全疏散距离规定

1　直接通向疏散走道的房间疏散门至最近安全出口的距离

应符合表 6-8 的规定；

2 直接通向疏散走道的房间疏散门至最近非封闭楼梯间的距离，当房间位于两个楼梯间之间时，应按表 6-8 的规定减少 5m；当房间位于袋形走道两侧或尽端时，应按表 6-8 的规定减少 2m；

3 楼梯间的首层应设置直通室外的安全出口或在首层采用扩大封闭楼梯间。当层数不超过 4 层时，可将直通室外的安全出口设置在离楼梯间小于等于 15m 处；

4 房间内任一点到该房间直接通向疏散走道的疏散门的距离，不应大于表 6-8 中规定的袋形走道两侧或尽端的疏散门至安全出口的最大距离。

安全疏散距离（m） **表 6-8**

名　称	位于两个外部出口或楼梯间的房间			位于袋形走道两侧或尽端的房间		
耐火等级	一、二级	三级	四级	一、二级	三级	四级
托、幼	25	20	—	20	15	—
医院、疗养院	35	30	—	20	15	—
学校	35	30	—	22	20	—
其他民用建筑	40	35	25	22	20	15

注：① 一、二级耐火等级的建筑物内的观众厅、展览厅、多功能厅、餐厅、营业厅和阅览室等，其室内任何一点至最近安全出口的直线距离不宜大于 30m。

② 敞开式外廊建筑的房间疏散门至安全出口的最大距离可按本表增加 5m。

③ 建筑物内全部设置自动喷水灭火系统时，其安全疏散距离可按本表和本表注 1 的规定增加 25%。

④ 房间内任一点到该房间直接通向疏散走道的疏散门的距离计算：住宅应为最远房间内任一点到户门的距离，跃层式住宅内的户内楼梯的距离可按其梯段总长度的水平投影尺寸计算。

《防规》5.3.13

6.2.2 歌舞娱乐放映游艺场所安全疏散距离规定

1 该场所须布置在袋形走道内时，最远房间的疏散门至最近安全出口的距离不应大于 9m。当布置在地下一层时，其地面与室外出入口地坪高差不应大于 10m。

《防规》5.1.15

2 该场所不应布置在袋形走道内，亦不应设置在地下二层及二层以下，设置在地下一层时，地下一层地面与室外出入口地坪的高差不应大于 10m。

《高规》4.1.5A

6.2.3 厂房安全疏散距离规定

厂房远点到外部出口或楼梯间的距离见表 6-9。

厂房安全疏散距离（m） **表 6-9**

生产类别	耐火等级	单层厂房	多层厂房	高层厂房	地下、半地下室
甲	一、二级	30	25	—	—
乙	一、二级	75	50	30	—
丙	一、二级	80	60	40	30
	三级	60	40	—	—
丁	一、二级	不限	不限	50	45
	三级	60	50	—	—
	四级	50	—	—	—
戊	一、二级	不限	不限	75	60
	三级	100	75	—	—
	四级	60	—	—	—

《防规》3.7.4

6.2.4 高层建筑安全疏散距离规定

1 高层建筑的安全出口应分散布置，两个安全出口之间的距离不应小于 5.0m。安全疏散距离规定见表 6-10。

房间门或住宅户门至最近的外部出口或楼梯间的最大距离（m）
表 6-10

建 筑 名 称		位于两个安全出口之间的房间	位于袋形走道内的房间
医院	病房部分	24	12
	其他部分	30	15
旅馆、展览楼、教学楼		30	15
其 他		40	20

《高规》6.1.5

2 高层建筑内观众厅、展厅、多功能厅、餐厅、营业厅、阅览室等室内远点到最近的疏散出口的距离不宜超过30m，其他房间为15m。

《高规》6.1.7

3 消防电梯前室在首层应设直通室外的出口或经长度不大于30m的通道通向室外。

《高规》6.3.3.3

4 高层建筑公共建筑的大空间设计必须符合双向疏散或袋形走道的规定。

《高规》6.1.4

6.2.5 办公建筑安全疏散距离规定

办公建筑的开放式、半开放式办公室，其室内任何一点至最近的安全出口的直线距离不应超过30m。

《办公建筑设计规范》5.0.2

6.2.6 商店安全疏散距离规定

商店营业厅远点至疏散出口的安全疏散距离不应超过30m。

《防规》5.3.13注1；《高规》6.1.7

（编者注：《商店建筑设计规范》上值规定为20m，该规范出版距今已20余年，故此值应选用新版《高规》和《防规》的规定。）

6.2.7 汽车库安全疏散距离规定

汽车库室内远点至安全出口的距离应≤45m，当设有自动灭火系统时为≤60m。

单层或设在首层的汽车库，安全疏散距离为≤60m。

《汽车库防规》6.0.5

6.2.8 人防工程安全疏散距离规定

1 房间内最远点至房门的距离应≤15m；

2 房间门至最近的安全出口间最大距离：

医院：24m；旅馆：30m；其他为40m。

《人防防规》5.1.4

6.3 疏散宽度规定

6.3.1 民用建筑安全疏散宽度规定

1 学校、商店、办公楼、候车（船）室、民航候机厅、展览厅及歌舞、娱乐、放映、游艺场所等民用建筑中的疏散宽度指标见表6-11。

疏散走道、安全出口、疏散楼梯和房间疏散门每100人的净宽度（m） **表6-11**

楼层位置	耐火等级		
	一、二级	三级	四级
地上一、二层	0.65	0.75	1.00
地上三层	0.75	1.00	—
地上四层及四层以上各层	1.00	1.25	—
与地面出入口地面的高差不超过10m的地下建筑	0.75	—	—
与地面出入口地面的高差超过10m的地下建筑	1.00	—	—

注：① 每层疏散走道、安全出口、疏散楼梯以及房间疏散门的每100人净宽度不应小于上表的规定；当每层人数不等时，疏散楼梯的总宽度可分层计算，地上建筑中下层楼梯的总宽度应按其上层人数最多一层的人数计算；地下建筑中上层楼梯的总宽度应按其下层人数最多一层的人数计算。

② 当人员密集的厅、室以及歌舞娱乐放映游艺场所设置在地下或半地下时，其疏散走道、安全出口、疏散楼梯以及房间疏散门的各自总宽度，应按其通过人数每100人不小于1m计算确定。

③ 首层外门的总宽度应按该层或该层以上人数最多的一层人数计算确定，不供楼上人员疏散的外门，可按本层人数计算确定。

④ 录像厅、放映厅的疏散人数应按该场所的建筑面积1人/m^2计算确定；其他歌舞娱乐放映游艺场所的疏散人数应按该场所的建筑面积0.5人/m^2计算确定。

⑤ 商店的疏散人数应按每层营业厅建筑面积乘以面积折算值和疏散人数换算系数计算。地上商店的面积折算值宜为50%～70%，地下商店的面积折算值不应小于70%。疏散人数的换算系数可按表6-12确定。

商店营业厅内的疏散人数换算系数（人/m²）　　表 6-12

楼层位置	地下二层	地下一层、地上第一、二层	地上第三层	地上第四层及四层以上各层
换算系数	0.80	0.85	0.77	0.60

《防规》5.3.17

（编者注：《防规》GB 50016—2006 中此条规定的商店疏散人数计算方法应取代《商店建筑设计规范》JGJ 48—88 中的有关规定。《防规》此条条文说明中指明："对于采用防火分隔措施分隔开且疏散时无需进入营业厅内的仓储、设备房、工具间、办公室等可不计入营业厅建筑面积内。"）

⑥ 餐饮业人数计算：（m²/座）

等级	餐厅	饮食厅店	食堂餐厅
一	1.3	1.3	1.1
二	1.1	1.0	0.85
三	1.0	—	—

《饮食建筑设计规范》3.1.2

2 剧院、影院、礼堂、体育馆等人员密集的公共场所观众厅的疏散走道疏散楼梯、疏散门、安全出口的各自总宽度，应根据其通过人数和疏散净宽度指标计算确定，并应符合下列规定：

（1）观众厅内疏散走道的净宽度应按每 100 人不小于 0.6m 的净宽度计算，且不应小于 1m；边走道的净宽度不宜小于 0.8m。

在布置疏散走道时，横走道之间的座位排数不宜超过 20 排；纵走道之间的座位数：剧院、电影院、礼堂等，每排不宜超过 22 个；体育馆，每排不宜超过 26 个；前后排座椅的排距不小于 0.9m 时，可增加 1 倍，但不得超过 50 个；仅一侧有纵走道时，座位数应减少一半；

（2）剧院、电影院、礼堂等场所供观众疏散的所有内门、外门、楼梯和走道的各自总宽度，应按表 6-13 的规定计算确定；

剧院、电影院、礼堂等场所每 100 人所需最小疏散净宽度（m）　　表 6-13

观众厅座位数（座）			≤2500	≤1200
耐火等级			一、二级	三级
疏散部位	门和走道	平坡地面	0.65	0.85
		阶梯地面	0.75	1.00
	楼梯		0.75	1.00

（3）体育馆供观众疏散的所有内门、外门、楼梯和走道的各自总宽度，应按表 6-14 的规定计算确定；

体育馆每 100 人所需最小疏散净宽度（m）　　表 6-14

观众厅座位数档次（座）			3000～5000	5001～10000	10001～20000
疏散部位	门和走道	平坡地面	0.43	0.37	0.32
		阶梯地面	0.50	0.43	0.37
	楼梯		0.50	0.43	0.37

注：表中较大座位数档次按规定计算的疏散总宽度，不应小于相邻较小座位数档次按其最多座位数计算的疏散总宽度。

（4）有等场需要的入场门不应作为观众厅的疏散门。

《防规》5.3.16

3　人员密集的公共场所，观众厅的入场门、太平门不应设门槛，紧靠门 1.40m 内不应设踏步。门宽不应小于 1.40m，其室外疏散巷道宽度不应小于 3.0m，并应直通宽敞地带。

《防规》5.3.15

4　安全出口、房间疏散门净宽不应小于 0.9m，疏散走道和楼梯的净宽不应小于 1.10m；不超过六层的单元式住宅中，一边设有栏杆的疏散楼梯最小净宽度不宜小于 1.0m。

《防规》5.3.14

5　住宅套内楼梯梯段净宽：当一边临空时应≥0.75m；当两侧有墙时应≥0.90m。

《住宅设计规范》3.8.3

住宅公共走廊通道的净宽不应小于 1.20m。

《住宅规范》5.2.1

6　室外楼梯作为疏散楼梯，其净宽不应小于 0.9m，倾角不应大于 45°，栏杆扶手高度不应小于 1.1m。

《防规》7.4.5

7　商店营业厅：疏散门净宽不应小于 1.40m 并不应设门槛。

室内楼梯每梯段净宽不应小于 1.40m，踏步、宽×高不应大于 0.28m×0.16m。

《商店建筑设计规范》4.2.2，3.1.6

8 办公建筑走道净宽：

≤40m长的单面布置走道应≥1.30m；双面布置走道宽应≥1.50m。

>40m长的单面布置走道应≥1.50m；双面布置走道宽应≥1.80m。

《办公建筑设计规范》4.1.9

9 宿舍楼安全出口门净宽不应小于1.40m，楼梯梯段净宽不应小于1.20m。

《宿舍建筑设计规范》4.5.3，4.5.7

10 托幼建筑走廊净宽：

生活用房：双面布置时为1.80m，单面布置时为1.50m；

服务用房：双面布置时为1.50m，单面布置时为1.30m。

《托幼建筑设计规范》3.6.3

11 中、小学走廊净宽：

教学用房：双面布置时为2.10m，单面布置时为1.80m；

行政办公用房：1.50m。

《中小学设计规范》6.2.1

12 体育建筑中看台安全出口和走道的有效总宽度计算指标规定见表6-15。

疏散宽度指标 **表6-15**

观众座位数(个) / 耐火等级 / 宽度指标(m/百人) / 疏散部位		室内看台			室外看台		
		3000～5000	5001～10000	10001～20000	20001～40000	40001～60000	60001以上
		一、二级	一、二级	一、二级	一、二级	一、二级	一、二级
门和走道	平坡地面	0.43	0.37	0.32	0.21	0.18	0.16
	阶梯地面	0.50	0.43	0.37	0.25	0.22	0.19
楼梯		0.50	0.43	0.37	0.25	0.22	0.19

注：表中较大座位数档次按规定指标计算出来的总宽度，不应小于相邻较小座位数档次按其最多座位数计算出来的疏散总宽度。

疏散宽度应为人流股数的整倍数。

安全出口宽度不应小于1.10m。

两边有坐席的纵横过道宽度不应小于1.1m。

一边有坐席的纵横过道宽度不应小于0.9m。

《体育建筑设计规范》4.3.8

6.3.2 高层建筑安全疏散宽度规定

1 高层建筑内的楼梯、首层疏散外门和走道的净宽不应小于表6-16值。

高层建筑楼梯、首层外门和走道最小净宽（m）　　表6-16

建筑类型		医院病房楼	居住建筑	其他
外门		1.30	1.10	1.20
走道	单面布置	1.40	1.20	1.30
	双面布置	1.50	1.30	1.40
楼梯		1.30	1.10	1.20

注：① 走道净宽按1.0m/百人计。

② 首层外门总宽按人数最多的楼层1.0m/百人计。

③ 疏散楼梯按其上层人数最多的楼层1.0m/百人计。

《高规》6.1.9，6.2.9

2 室外楼梯可作为辅助的防烟楼梯，最小净宽不应小于0.90m。当倾角≤45°、栏杆高度≥1.10m时，其宽度可计入疏散楼梯总宽度内。

《高规》6.2.10

3 疏散楼梯间及其前室的门的净宽按1.0m/百人核算，但最小净宽为0.90m。

单面布置房间的住宅，走道出垛处最小净宽不应小于0.90m。

《高规》6.1.10

4 高层建筑地下、半地下室中人员密集的厅室疏散出口总宽度按1.0m/百人核算。

《高规》6.1.12.3

5 高层建筑内设有固定座位的观众厅、会议厅等人员密集的场所，其疏散走道、出口等应符合以下规定：

（1）厅内疏散走道净宽应按0.8m/百人计且不宜小于1.0m；边走道净宽不宜小于0.8m。

（2）厅的疏散出口和厅外疏散走道总宽度：平坡地面按0.65m/百人计；阶梯地面按0.8m/百人计。

疏散出口和厅外疏散走道的最小净宽均应为1.40m。

（3）疏散出口门内、外1.40m范围内不应设踏步、门槛，且门须外开。

（4）观众厅座位布置：横向走道之间的排数不宜超过20排。纵向走道之间每排座位不宜超过22个；只一侧有纵向走道时，座位数应减半。

（5）观众厅每个疏散出口的平均疏散人数不应超过250人。

（6）观众厅的疏散外门宜采用推闩式外开门。

《高规》6.1.11

6.3.3　厂房安全疏散宽度规定

1　厂房内的疏散楼梯、走道、门的各自总净宽度应根据疏散人数，按表6-17的规定经计算确定。但疏散楼梯的最小净宽度不宜小于1.1m，疏散走道的最小净宽度不宜小于1.4m，门的最小净宽度不宜小于0.9m。当每层人数不相等时，疏散楼梯的总净宽度应分层计算，下层楼梯总净宽度应按该层或该层以上人数最多的一层计算。

厂房疏散楼梯、走道和门的净宽度指标（m/百人）　表6-17

厂房层数	一、二层	三层	≥四层
宽度指标	0.6	0.8	1.0

《防规》3.7.5

首层外门的总净宽度应按该层或该层以上人数最多的一层计算，且该门的最小净宽度不应小于1.2m。

2　丁、戊类厂房第二安全出口可采用净宽≥0.9m、倾角≤45°的金属梯。丁、戊类高层厂房、每层工作平台人数≤2人且各层生产人员总和不超过10人时，可采用敞开楼梯或净宽

≥0.9m、倾角≤45°的金属梯兼作疏散梯。

《防规》7.4.6

6.3.4 汽车库安全疏散宽度规定

1 各车型的建筑设计中最小停车带、停车位、通车道宽度宜按表6-18采用。

《汽车库建筑设计规范》4.1.5.3

2 汽车疏散坡道宽度不应小于4m，双车道不应小于7m。

《汽车库防规》6.0.9

3 汽车库库址出入口宽度，单向行驶≥5m，双向行驶≥7m。

《汽车库建筑设计规范》3.2.4

4 汽车库、修车库的室内疏散楼梯宽度不应小于1.10m。

《汽车库防规》6.0.3

6.3.5 综合医院安全疏散宽度规定

主楼梯的宽度≥1.65m，踏步宽×高为280mm×160mm（限值）；

主楼梯和疏散楼梯平台深度≥2.0m；

通行推床通道净宽应≥2.10m；

门诊走廊：单侧候诊　净宽≥2.10m；

双侧候诊　净宽≥2.70m。

《综合医院设计规范》3.1.5，3.1.7，3.2.2

6.3.6 人防工程安全疏散宽度规定

1 人防地下室战时出入口的最小尺寸应符合下列规定（m）：

	门洞（$B\times H$）	通道（$B\times H$）	楼梯净宽
医疗救护工程、防空专业队队员掩蔽部	1.0×2.0	1.5×2.2	1.2
人员掩蔽所、配套工程	0.8×2.0	1.5×2.2	1.0
备用出入口	0.7×1.6	1.0×2.0	

《人防设计规范》3.3.5

2 人防工程人员掩蔽所战时出入口的门洞净宽之和应按掩蔽人数每100人不少于0.3m计算确定。

各车型建筑设计最小停车带、停车位、通车道宽度 **表 6-18**

停车方式 \ 参数值 \ 车型分类 \ 项目		垂直通车道方向的最小停车带宽度 W_e(m)						平行通车道方向的最小停车位宽度 L_t(m)						通车道最小宽度 W_d(m)					
		微型车	小型车	轻型车	中型车	大货车	大客车	微型车	小型车	轻型车	中型车	大货车	大客车	微型车	小型车	轻型车	中型车	大货车	大客车
平行式	前进停车	2.2	2.4	3.0	3.5	3.5	3.5	0.7	6.0	8.2	11.4	12.4	14.4	3.0	3.80	4.1	4.5	5.0	5.0
斜列式 30°	前进停车	3.0	3.6	5.0	6.2	6.7	7.7	4.4	4.8	5.8	7.0	7.0	7.0	3.0	3.8	4.1	4.5	5.0	5.0
斜列式 45°	前进停车	3.8	4.4	6.2	7.8	8.5	9.9	3.1	3.4	4.1	5.0	5.0	5.0	3.0	3.8	4.6	5.6	6.6	8.0
斜列式 60°	前进停车	4.3	5.0	7.1	9.1	9.9	12	2.6	2.8	3.4	4.0	4.0	4.0	4.0	4.5	7.0	8.5	10	12
斜列式 60°	后退停车	4.3	5.0	7.1	9.1	9.9	12	2.6	2.8	3.4	4.0	4.0	4.0	3.6	4.2	5.5	6.3	7.3	8.2
垂直式	前进停车	4.0	5.3	7.7	9.4	10.4	12.4	2.2	2.4	2.9	3.5	3.5	3.5	7.0	9.0	13.5	15	17	19
垂直式	后退停车	4.0	5.3	7.7	9.4	10.4	12.4	2.2	2.4	2.9	3.5	3.5	3.5	4.5	5.5	8.0	9.0	10	11

每樘门的通过人数不应超过 700 人。

出入口楼梯和通道净宽不应小于该门洞净宽。

两相邻防护单元共用的出入口、通道和楼梯的净宽应满足两个掩蔽入口通过人数之和每百人不少于 0.3m 的要求（门洞净宽之和不包括竖井式出入口、与其他人防工程的连通口及防护单元之间的连通口）。

《人防设计规范》3.3.8

3 人防工程安全出口、相邻防火分区间防火墙上的防火门、楼梯和疏散走道的最小净宽规定见表 6-19。

人防工程疏散通道宽度（m） **表 6-19**

建筑名称	安全出口、相邻防火分区间防火墙上的门、楼梯	疏散走道	
		单面布置房间	双面布置房间
商场、公共娱乐场所小体育场	1.40	1.50	1.60
医院	1.30	1.40	1.50
旅馆餐厅	1.00	1.20	1.30
车间	1.00	1.20	1.50
其他	1.00	1.20	1.40

注：① 人防室内地坪与室外出入口地面高差≤10m，按 0.75m/100 人计；人防室内地坪与室外出入口地面高差＞10m，按 1.00m/100 人计。

② 每个防火分区的安全出口和相邻防火分区间防火墙上的防火门，其平均疏散人数不应超过 250 人/樘（改建工程可为 350 人/樘）。

③ 出口应在不同方向上。

《人防防规》5.1.5

④ 人防工程地下商店营业部分人员计算：

地下一层按 0.85 人/m^2（使用面积）计；

地下二层按 0.80 人/m^2（使用面积）计。

《人防防规》5.1.8

⑤ 人防工程内设有固定座位的电影院、礼堂、观众厅，其疏散走道、安全出口详本文 6.3.2.5 条规定。

《人防防规》5.1.6

4 防空地下室的战时人员出入口的最小尺寸应符合表 6-20 的规定；战时车辆出入口的最小尺寸应根据进出车辆的车型尺寸确定。

战时人员出入口最小尺寸（m）　　表 6-20

工程类别	门洞		通道		楼梯
	净宽	净高	净宽	净高	净宽
医疗救护工程、防空专业队工程	1.00	2.00	1.50	2.20	1.20
人员掩蔽工程、配套工程	0.80	2.00	1.50	2.20	1.00

注：战时备用出入口的门洞最小尺寸可按宽×高＝0.70m×1.60m；通道最小尺寸可按 1.00m×2.00m。

《人防设计规范》3.3.5

5　人防物资库的主要出入口宜按物资进出口设计，建筑面积不大于 2000m² 物资库的物资进出口门洞净宽不应小于 1.50m、建筑面积大于 2000m² 物资库的物资进出口门洞净宽不应小于 2.00m。

《人防设计规范》3.3.5

6.3.7　无障碍设计轮椅通道和坡道宽度规定

1　轮椅通行最小宽度：

大型公共建筑走道：≥1.80m；

中小型公共建筑走道：≥1.50m；

居住建筑走廊：≥1.20m；

建筑基地人行通道：≥1.50m；

《无障设计》7.3.1

检票口、结算口：≥0.90m。

2　坡道坡度（i）和宽度（B）：

有台阶的建筑入口：i=1∶12；B≥1.20m。

只设坡道的建筑入口：i=1∶20；B≥1.50m。

室内走道：i=1∶12；B≥1.00m。

室外通路：i=1∶20；B≥1.50m。

困难地段：i=1∶10～1∶8；B≥1.20m。

《无障设计》7.2.4

通行轮椅车的坡道宽度不应小于 1.5m。供轮椅通行的走道净宽不应小于 1.20m。

《住宅规范》4.3.3，5.3.4

3 供轮椅者通行门的净宽规定：

自动门≥1.00m；

推拉门、平开门和小力度的弹簧门≥0.80m；

住宅公用外门≥1.00m；

住宅户门及户内通行门≥0.80m。

《无障设计》7.4.1，7.12.6

7 楼　　梯

7.1 疏散楼梯设置规定

7.1.1 一般规定

1 疏散用的楼梯间应符合下列规定：

(1) 楼梯间应能天然采光和自然通风，并宜靠外墙设置；

(2) 楼梯间内不应设置烧水间、可燃材料储藏室、垃圾道；

(3) 楼梯间内不应有影响疏散的凸出物或其他障碍物；

(4) 楼梯间内不应敷设甲、乙、丙类液体管道；

(5) 公共建筑的楼梯间内不应敷设可燃气体管道；

(6) 居住建筑的楼梯间内不应敷设可燃气体管道和设置可燃气体计量表。当住宅建筑必须设置时，应采用金属套管和设置切断气源的装置等保护措施。

《防规》7.4.1

2 楼梯间及防烟楼梯间前室的内墙上除开设通向公共走道的疏散门和规范规定的住宅户门（编者注：参见《高规》6.1.3条）外，不应开设其他门窗洞口，并不应敷设可燃气体管道和甲、乙、丙类液体管道。

《高规》6.2.5

3 除规范另有规定者外，楼梯间在各层的平面位置不应改变。

《防规》7.4.4；《高规》6.2.6

4 楼梯间的首层应设置直通室外的安全出口或在首层采用扩大封闭楼梯间。当层数不超过4层时，可将直通室外的安全出口设置在距楼梯间不超过15m处。

《防规》5.3.13

5 楼梯每个梯段的踏步一般不应超过18级，并不应少于3级。

梯段改变方向时，扶手转向端处的平台最小宽度不应小于梯段宽度，并不得小于1.20m，当有搬运大型物件需要时应适量加宽。

楼梯平台上部及下部过道处的净高不应小于2m，梯段净高不宜小于2.20m。

注：梯段净高为自踏步前缘（包括最低和最高一级踏步前缘线以外0.30m范围内）量至上方突出物下缘间的垂直高度。

楼梯应至少于一侧设扶手，梯段净宽达三股人流时应两侧设扶手，达四股人流时宜加设中间扶手。

室内楼梯扶手高度自踏步前缘线量起不宜小于0.90m。靠楼梯井一侧水平扶手长度超过0.50m时，其高度不应小于1.05m。

《通则》6.7.3～6.7.7

6 楼梯踏步

楼梯踏步最小宽度和最大高度（m） **表7-1**

楼梯类别	最小宽度	最大高度
住宅共用楼梯	0.26	0.175
幼儿园、小学校等楼梯	0.26	0.15
电影院、剧场、体育馆、商场、医院、旅馆和大中学校等楼梯	0.28	0.16
其他建筑楼梯	0.26	0.17
专用疏散楼梯	0.25	0.18
服务楼梯、住宅套内楼梯	0.22	0.20

注：无中柱螺旋楼梯和弧形楼梯离内侧扶手中心0.25m处的踏步宽度不应小于0.22m。

《通则》6.7.10

7 有儿童经常使用的楼梯，梯井净宽>0.20m时必须采取安全措施。

《通则》6.7.9；《中小学设计规范》6.3.4；

《托幼建筑设计规范》3.6.5

8 除18层及18层以下、每层不超过8户、建筑面积不超过650m^{2}的塔式住宅及顶层为外通廊式住宅外的高层建筑，通向屋顶的疏散楼梯不宜少于两座，且不应穿越其他房间，通向屋顶的门应开向屋顶方向。

《高规》6.2.7

9 高度大于10m的三级耐火等级建筑应设置通至屋顶的室外消防梯。室外消防梯不应面对老虎窗，宽度不应小于0.6m，且宜从离地面3.0m高处设置。

《防规》7.4.9

10 疏散用的楼梯和疏散通道上的阶梯不应采用螺旋楼梯和扇形踏步。当必须采用时踏步上下两级所形成的平面角度不应超过10°，且每级距扶手250mm处踏步深≥220mm。

《防规》7.4.7

11 室内楼梯扶手高度：自踏步前缘量起不宜小于0.9m，临空水平扶手高度不应小于1.05m。

《通则》6.7.7

（阳台、外廊、室内回廊、内天井、上人屋面及室外楼梯栏杆，临空高度小于24m时不应低于1.05m，临空高度≥24m时不应低于1.10m。栏杆距楼面或屋面0.10m高度内不应留空。住宅及少年儿童专用活动场所采用垂直杆件的栏杆，杆件净距≤0.11m。

《通则》6.7.7，6.6.3

住宅外廊、内天井及上人屋面等临空处栏杆净高，六层及六层以下不应低于1.05m；七层及七层以上不应低于1.10m。

《住宅规范》5.2.2

托、幼建筑阳台、屋顶平台护栏净高不应小于1.20m。

《托幼设计规范》3.7.4）

12 对于有候场需要的门厅内，供入场使用的主楼梯不应计作疏散楼梯。

《电影院建筑设计规范》6.2.5

13　公共建筑室内疏散楼梯两梯段间的水平净距不宜小于150mm。

《防规》7.4.8

7.1.2　住宅楼梯设置规定

1　商住楼中住宅的疏散楼梯应独立设置。

《高规》6.1.3A

住宅楼梯梯井净宽>0.11m时必须采取防止儿童攀滑措施。

《住宅设计规范》4.1.5

住宅楼梯间窗口与套房窗口间水平净距不应小于1.0m。楼梯间顶棚、墙面、地面应采用不燃材料。

《住宅规范》9.4.2，9.5.4

2　通廊式住宅楼梯：

（1）11层及11层以下的通廊式住宅应设封闭楼梯间。

（2）超过11层的通廊式住宅应设防烟楼梯间。

《高规》6.2.4

3　单元式住宅楼梯：

（1）每个单元的疏散楼梯均应通至屋顶。

（2）11层及11层以下的单元式住宅可不设封闭楼梯间，但开向楼梯间的户门应为乙级防火门，且楼梯间应有天然采光和自然通风。

（3）12～18层的单元式住宅楼应设封闭楼梯间。

（4）19层及19层以上的单元式住宅楼应设防烟楼梯间。

以上均选自《高规》6.2.3

（5）居住建筑的楼梯宜通至屋顶，通向平屋面的门窗应向外开启。

《防规》5.3.11

（七层及七层以上单元式宿舍的楼梯间均应通至屋顶。但十层以下的宿舍、在每层通向楼梯间的入口处有乙级防火门时，该楼梯可不通屋顶）

《宿舍建筑设计规范》4.5.2

（6）高层单元式住宅如每个单元设有通向屋顶的疏散楼梯，相邻单元楼梯通过屋顶可连通、单元之间设有防火墙、户门为甲级防火门、窗间墙宽度及窗槛墙高度均为大于 1.20m 的不燃烧体墙时：

18 层及 18 层以下可只设一座楼梯；

超过 18 层则 18 层以上每层相邻单元的楼梯通过阳台或凹廊连通（此时屋顶可不连通）时方可只设一座疏散楼梯。

《高规》6.1.1.2

（编者注：2005 年版《高规》针对此条以前存在的问题做了删改，但是新版规定“18 层以上每层相邻单元的楼梯通过阳台、凹廊连通”实际已是外廊式住宅做法，其在住宅的私密性、通风、采光及安防管理等诸多方面已有别于单元式住宅。对此，“连塔”的做法应是可提供给设计者的另一选择。

其实，《高规》6.2.3.3 及 6.3.1 条规定：超过 18 层的单元式住宅应设防烟楼梯间；12 层及 12 层以上的单元式住宅应设消防电梯。而防烟楼梯间和消防电梯均应设有前室或合用前室。从此可以看出，此时单元式住宅已基本具备塔式住宅的条件，套用高规有关塔式住宅的规定，做成“连塔”式布局，可以避免“外廊”做法带来的诸多问题。“连塔”做法在工程实践中已多有采用。）

4 塔式住宅楼梯：

（1）建筑高度超过 32m 的塔式住宅应设防烟楼梯间。

《高规》6.2.1

（2）十八层及十八层以下每层不超过八户，每层建筑面积不超过 650m^2 且设有消防电梯和防烟楼梯间的塔式住宅可只设一座疏散楼梯。不符合以上条件时应设两座独立的疏散楼梯（确有困难也可设置符合规范要求的“剪刀梯”）。

《高规》6.1.1.1，6.1.2

7.1.3 商业建筑楼梯设置规定

1 超过 2 层的商店等人员密集的公共建筑，其室内疏散楼梯应采用封闭楼梯间。

《防规》5.3.5

2 一类商业建筑或建筑高度超过 32m 的二类商业建筑均应设置防烟楼梯间。

《高规》6.2.1

3 商店营业厅室内疏散梯梯段净宽不应小于1.40m。

《商店建筑设计规范》3.1.6

4 大型商场的营业层在五层以上时，宜设置不少于2座疏散楼梯直通屋顶平台，且屋顶避难面积不宜小于最大营业层面积的50%。

《商店建筑设计规范》4.2.4

7.1.4 综合医院楼梯设置规定

1 病房楼不论层数均应设置封闭楼梯间，高层病房楼应设防烟楼梯间。病人使用的楼梯至少应有一座为天然采光、自然通风的楼梯。

《综合医院建筑设计规范》4.0.4

2 主楼梯宽度不得小于1.65m；主楼梯如为疏散楼梯，平台深度不宜小于2.0m。

《综合医院建筑设计规范》3.1.5

3 三层及三层以下无电梯的病房楼及观察室与抢救室不在同一层又无电梯的急诊部均应设置坡度不大于1/10的防滑坡道。

《综合医院建筑设计规范》3.1.6

7.1.5 汽车库楼梯设置规定

汽车库、修车库的室内疏散楼梯应设置封闭楼梯间，建筑高度超过32m的高层车库的室内疏散楼梯应设置防烟楼梯间。

《汽车库防规》6.0.3

7.1.6 厂房、库房楼梯设置规定

1 甲、乙、丙类厂房和高层厂房的疏散楼梯应采用封闭楼梯间或室外楼梯；高度超过32m且每层人数超过10人的高层厂房宜采用防烟楼梯间或室外疏散楼梯。

《防规》3.7.6

2 高层仓库应采用封闭楼梯间

《防规》3.8.7

3 仓库、筒仓的室外金属梯，当符合本手册第7.1.8条的规定时可作为疏散楼梯，但筒仓室外楼梯平台的耐火极限不应低于0.25h。

《防规》3.8.6

7.1.7 地下室、半地下室及地下人防工程楼梯设置规定

地下、半地下室与地上层不应共用楼梯间。当必须共用楼梯间时，应在首层与地下、半地下层出入口处设置耐火极限不低于2.0h的隔墙和乙级防火门隔开，并应有明显标志。

地下室、半地下室的楼梯间在首层应直通室外，并采用耐火极限不低于2.0h的隔墙与其他部位隔开。当须在隔墙上开门时应采用不低于乙级的防火门。

《人防规范》5.2.2；《防规》7.4.4；《高规》6.2.8

7.1.8 室外疏散楼梯设置规定

室外楼梯符合下列规定时可作为疏散楼梯或辅助的防烟楼梯：

1 栏杆扶手的高度不应小于1.1m，楼梯的净宽度不应小于0.9m；

（编者注：室外疏散梯净宽，商店营业厅应≥1.40m，电影院≥1.10m。）

2 倾斜角度不应大于45°；

3 楼梯段和平台均应采取不燃材料制作。平台的耐火极限不应低于1.00h，楼梯段的耐火极限不应低于0.25h；

4 通向室外楼梯的门应（宜）采用乙级防火门，并应向室外开启；

（编者注：括号内为《防规》条文用词）

5 除疏散门外，楼梯周围2m内的墙面上不应设置门窗洞口。疏散门不应正对楼梯段。

《防规》7.4.5；《高规》6.2.10

7.2 自动扶梯、自动人行道设置规定

7.2.1 自动扶梯和自动人行道不得计作安全出口。

7.2.2 出入口畅通区宽度不应小于 2.50m，畅通区有密集人流穿行时，其宽度应加大。

7.2.3 扶手带的高度不应小于 0.90m；扶手带外边距任何梯外障碍物不应小于 0.5m，否则应采取防止引发人员伤害的措施。

7.2.4 自动扶梯和自动人行道上空垂直净高不应小于 2.30m。

7.2.5 自动扶梯的倾斜角不应超过 30°。当提升高度≤6m，额定速度≤0.50m/s 时，倾斜角可增至 35°；倾斜式自动人行道的倾斜角不应超过 12°。

7.2.6 自动扶梯和层间相通的自动人行道单向设置时，应就近布置相匹配的楼梯。

7.2.7 设置自动扶梯或自动人行道所形成的上下层贯通空间，应符合防火规范的有关规定。

以上均选自《通则》6.8.2

7.3 应设置封闭楼梯间的建筑物及封闭楼梯间设置规定

7.3.1 应设封闭楼梯间的建筑物

1 下列公共建筑的疏散楼梯应采用室内封闭楼梯间（包括首层扩大封闭楼梯间）或室外疏散楼梯：

（1）医院、疗养院的病房楼；

（2）旅馆；

（3）超过 2 层的商店等人员密集的公共建筑；

（4）设置有歌舞、娱乐、放映、游艺场所且建筑层数超过 2 层的建筑；

（5）超过5层的其他公共建筑。

《防规》5.3.5

医院、疗养院的病房楼、设有空调系统的多层旅馆和办公楼、商业建筑的营业厅、展览建筑的观众厅等人员密集的公共建筑的楼层均应设置封闭楼梯间，其门应为乙级防火门。

《细则》8.2.3

2 商业建筑的营业厅，当建筑高度在24m以下时可采用设有防火门的封闭楼梯间。

《细则》8.2.13

3 地下商店或设有歌舞娱乐放映游艺场所的地下建筑，地下为1～2层或室内地面与室外出入口地坪高差≤10m时应设封闭楼梯间。

《防规》5.3.12；《人防防规》5.2.1

4 高层建筑中裙房的楼梯间应为封闭楼梯间。

《高规》6.2.2

5 高层建筑中除单元式和通廊式住宅外的建筑高度≤32m的二类建筑的楼梯间应为封闭楼梯间。

《高规》6.2.2

6 汽车库、修车库的室内疏散楼梯应设置封闭楼梯间（建筑高度超过32m的高层车库的室内疏散梯应为防烟楼梯间）。

《汽车库防规》6.0.3

7 甲、乙、丙类厂房及建筑高度不超过32m的高层厂房的疏散楼梯应为封闭楼梯间或室外楼梯。

《防规》3.7.6

8 高层仓库应采用封闭楼梯间。

《防规》3.8.7

9 病房楼均应设置封闭楼梯间（高层病房楼为防烟楼梯间）。

《综合医院建筑设计规范》4.0.4

10 通廊式宿舍楼7～11层，单元式宿舍楼12～18层应设封闭楼梯间。

《宿舍建筑设计规范》4.5.2

11 通廊式住宅楼≤11层，单元式住宅楼12～18层及户门防火级别低于乙级的11层及11层以下的单元式住宅，应设封闭楼梯间。

《高规》6.2.3.2，6.2.4

12 单元式住宅楼≤11层时可不设封闭楼梯间，但开向楼梯间的户门应为乙级防火门，且楼梯间应有直接天然采光和自然通风。

《高规》6.2.3.1

13 通廊式居住建筑当建筑层数超过2层时应设封闭楼梯间；当户门采用乙级防火门时，可不设置封闭楼梯间；

其他形式的居住建筑当建筑层数超过6层或任一层建筑面积大于500m^{2}时，应设置封闭楼梯间；当户门或通向疏散走道、楼梯间的门、窗为乙级防火门、窗时，可不设置封闭楼梯间。

居住建筑的楼梯间宜通至屋顶，通向平屋面的门或窗应向外开启。

当住宅中的电梯井与疏散楼梯相邻布置时，应设置封闭楼梯间，当户门采用乙级防火门时，可不设置封闭楼梯间。当电梯直通住宅楼层下部的汽车库时，应设置电梯候梯厅并采用防火分隔措施。

《防规》5.3.11

14 档案馆库区内应采用封闭楼梯间。

《档案馆建筑设计规范》6.0.7

7.3.2 封闭楼梯间设置规定

1 楼梯间应（宜）靠外墙，并应有直接天然采光和自然通风；

当不能天然采光和自然通风时，应按防烟楼梯间的要求设置；

2 楼梯间的首层可将走道和门厅等包括在楼梯间内，形成扩大的封闭楼梯间，但应采用乙级防火门等措施与其他走道和房间隔开；

3 除楼梯间的门之外，楼梯间的内墙上不应开设其他门窗洞口；

4 高层民用建筑及高层厂房（仓库）、人员密集的公共建筑、人员密集的多层丙类厂房设置封闭楼梯间时，通向楼梯间的门应采用乙级防火门，并应向疏散方向开启；

5 其他建筑封闭楼梯间的门可采用双向弹簧门。

《防规》7.4.1，7.4.2；《高规》6.2.2

7.4 应设置防烟楼梯间的建筑物及防烟楼梯间设置规定

7.4.1 应设防烟楼梯间的建筑物

1 商业建筑的营业厅，当建筑高度在24m以上时应采用防烟楼梯间。

2 地下商店和设有歌舞娱乐放映游艺场所的地下建筑，当地下层数为3层及3层以上，以及地下层数为1～2层但其室内地面与室外出入口地坪高差＞10m时，均应设置防烟楼梯间。

《防规》5.3.12；《人防防规》5.2.1

3 建筑高度大于32m且任一层人数超过10人的高层厂房，应设置防烟楼梯间或室外楼梯。

《防规》3.7.6

4 除单元式和通廊式住宅外的建筑高度超过32m的二类建筑应设防烟楼梯间。

《高规》6.2.1

5 一类建筑和除单元式、通廊式住宅外的建筑高度超过32m的二类建筑及塔式住宅均应设防烟楼梯间。

《高规》6.2.1

6 建筑高度超过32m的塔式住宅应设防烟楼梯间。

《高规》6.2.1

7 建筑高度超过32m的高层车库应设防烟楼梯间。

《汽车库防规》6.0.3

8 十九层及十九层以上的单元式住宅、单元式宿舍及超过十一层的通廊式住宅、通廊式宿舍应设防烟楼梯间。

《高规》6.2.3.3，6.2.4；《宿舍建筑设计规范》4.5.2

9 图书馆书库、非书资料库的疏散楼梯应为封闭楼梯间或防烟楼梯间。

《图书馆建筑设计规范》6.4.3

10 高层病房楼的疏散楼梯应为防烟楼梯间。

《综合医院建筑设计规范》4.0.4（二）

11 封闭楼梯间不具备靠外墙直接天然采光和自然通风时，应按防烟楼梯间设置。

《防规》7.4.2.1；《高规》6.2.2.1

12 人防工程的礼堂、影院，建筑面积>$500m^2$的医院、旅馆及建筑面积>$1000m^2$的商场、餐厅、展厅、公共娱乐场所，当室内地坪与室外出入口地面高差大于10m时应设防烟楼梯间（地下为两层，第二层地坪与室外出入口地面高差≤10m时应设封闭楼梯间）。

《人防防规》5.2.1

7.4.2 防烟楼梯间的设置规定

1 楼梯间应靠外墙并有直接天然采光和自然通风，当不能天然采光和自然通风时，楼梯间应按规范的规定设置防烟或排烟设施，并应设置应急照明设施；

《防规》7.4.1，7.4.3

2 在楼梯间入口处应设置防烟前室、开敞式阳台或凹廊等。防烟前室可与消防电梯间前室合用；

3 前室的使用面积：公共建筑不应小于$6.0m^2$，居住建筑不应小于$4.5m^2$；合用前室的使用面积：公共建筑、高层厂房以及高层仓库不应小于$10.0m^2$，居住建筑不应小于$6.0m^2$；

4 疏散走道通向前室以及前室通向楼梯间的门应采用乙级

防火门，并应向疏散方向开启；

5 除楼梯间门、前室门和规范规定的住宅户门外，防烟楼梯间及其前室的内墙上不应开设其他门窗洞口；

以上《防规》7.4.3；《高规》6.2.1，6.2.5，6.3.3

6 除高层建筑外，楼梯间的首层可将走道和门厅等包括在楼梯间前室内，形成扩大的防烟前室，但应采用乙级防火门等措施与其他走道和房间隔开。

《防规》7.4.3.6

7 防烟楼梯间其前室采用自然排烟时，其外窗开窗面积规定如下：

（1）楼梯间前室、消防电梯间前室的可开启外窗面积应$\geqslant 2.0m^2$，合用前室应$\geqslant 3.0m^2$。

（2）靠外墙的防烟楼梯间每五层内可开启外窗总面积之和应$\geqslant 2.0m^2$。

《防规》9.2.2；《高规》8.2.2

8 通向避难层的防烟楼梯间应在避难层分隔，同层错位或上、下层断开。但人员必须经避难层上下。

《高规》6.1.13.2

（编者注：对第5条“防烟楼梯间及其前室的内墙上不应开设其他门窗洞口”。《高规》规定为“规范规定的住宅户门除外”，《防规》规定为“住宅的楼梯间前室除外”。其确切含义可由以下条文得到解读：

1 《高规》GB 50045—95（2005年版）6.1.3条条文说明中规定：对一些确有困难的住宅，部分户门可开向前室，这些户门应为能自行关闭的乙级防火门。

2 《住宅建筑规范》GB 50368第9.4.3条规定：如电缆井和管道井设置在防烟楼梯间前室或合用前室内时，其检查门应用丙级防火门。）

8 电　　梯

8.1 应设置电梯的建筑物及电梯设置规定

8.1.1 应设电梯的建筑物

1 7层及7层以上的住宅或住户入口层楼面距室外设计地面的高度超过16m以上的住宅必须设置电梯。

《住宅设计规范》4.1.6

2 5层及5层以上的办公建筑应设电梯，超高层的办公建筑电梯应分区或分层使用。

《办公建筑设计规范》4.1.3，4.1.4

3 4层及4层以上的门诊楼、病房楼应设电梯并不得少于两台。当病房楼超过24m高度时应设污物梯。供病人使用的电梯和污物梯应采用病床梯。

《综合医院建筑设计规范》3.1.4

3层与3层以下无电梯的病房楼及观察室、抢救室，不在同一层又无电梯的急诊部，均应设置坡道，坡度不宜大于1/10，并应有防滑措施。

《综合医院建筑设计规范》3.1.6

4 疗养院建筑不宜超过四层，超过四层则应设置电梯。

《疗养院建筑设计规范》3.1.2

5 大型商店营业部分层数≥4层时宜设乘客电梯或自动扶梯。

《商店建筑设计规范》3.1.7

6 旅馆建筑设置电梯的条件：

1～2级旅馆≥3层时；

3　　级旅馆≥4 层时；

4　　级旅馆≥6 层时；

5～6 级旅馆≥7 层时。

《旅馆建筑设计规范》3.1.8

7　三层以上的多层汽车库及二层以下的地下汽车库应设载人电梯。

《汽车库建筑设计规范》4.1.17

8　七层及七层以上宿舍或居室最高入口层楼面距室外设计地面高度大于 21m 时，应设置电梯。

《宿舍建筑设计规范》4.5.6

9　位于三层及三层以上的一级餐馆与饮食店和四层及四层以上的其他各级餐饮店宜设置乘客电梯。

《饮食建筑设计规范》3.1.4

10　查阅档案、档案业务和技术用房设计为四层及四层以上时应设电梯。超过两层的档案库应设垂直运输设备。

《档案馆建筑设计规范》4.1.4

8.1.2　电梯设置规定

1　自动扶梯和电梯不能计作安全疏散设施。

《防规》5.3.6

2　以电梯为主要垂直交通的高层公共建筑和 12 层及 12 层以上的高层住宅每栋楼设置电梯的台数不应少于 2 台。

《通则》6.8.1

按办公建筑面积每 5000m^2 至少设置一台电梯。

《办公建筑设计规范》4.1.4

3　单侧排列的电梯不宜超过 4 台，双侧排列的电梯不宜超过 2×4 台；电梯不应在转角处贴邻布置。

4　电梯井道不宜与有安静要求的用房贴邻布置，否则应有减振隔声措施。

5　机房应保温隔热、通风、防尘，宜有自然采光，不得将机房顶板作水箱底板及在机房内直接穿越水管或蒸汽管。

6　候梯厅深度应符合表 8-1 的规定并不得小于 1.50m。

候梯厅深度　　**表 8-1**

电梯类别	单台布置	多台单侧排列	多台双侧排列
住宅电梯	≥B	≥B*	≥相对之电梯 B* 之和并<3.5m
公建电梯	≥1.5B	≥1.5B*，4 台时应≥2.4m	≥相对之 B* 的和并<4.5m
病房电梯	≥1.5B	≥1.5B*	≥相对之 B* 的和

注：B 为轿厢深度，B* 为电梯群中最大轿厢深度。

7　当电梯直通住宅楼层下部的汽车库时，应设置电梯候梯厅并采用防火分隔措施。

《防规》5.3.11

8　电梯井道底坑下不宜设置人们能够到达的空间。

当相邻两层站间距超过 11m 时，其间应设安全门。

《细则》9.1.5

9　除一、二级耐火等级的多层戊类仓库外，其他仓库中供垂直运输物品的提升设施宜设置在仓库外，当必须设置在仓库内时，应设置在井壁的耐火极限不低于 2.00h 的井筒内。室内外提升设施通向仓库入口上的门应采用乙级防火门或防火卷帘。

《防规》3.8.8

8.2　应设置消防电梯的建筑物及消防电梯设置规定

8.2.1　应设置消防电梯的建筑物

1　一类公建。

2　10 层及 10 层以上的塔式住宅。

3　12 层及 12 层以上的单元式和通廊式住宅。

4　建筑高度超过 32m 的其他二类公建（商住楼应列入公建条款执行。《高规》表 3.0.1）。

以上见《高规》6.3.1

5　建筑高度超过 32m 且设置电梯的高层厂房和高层仓库

(任一层人数≤2人的高层塔架及局部建筑高度大于32m且升起部分每层建筑面积≤50m² 的丁、戊类厂房除外)。

《防规》3.7.7，3.8.9

8.2.2 消防电梯的设置规定

1 宜设置在不同的防火分区内。

2 电梯间应设置前室，前室门应为乙级防火门。

专用前室：居住建筑≥4.5m²；公建、厂房、仓库≥6.0m²。

与防烟楼梯合用前室：居住建筑≥6.0m²；公建、厂房、仓库≥10.0m²。

(设在库房连廊、冷库穿堂或谷物筒仓工作塔内的消防电梯可不设前室。)

3 前室宜靠外墙设置，在首层应设直通室外的出口或经不超过30m的通道通向室外。

4 梯井、机房与普通电梯梯井、机房间应用耐火极限≥2.0h(厂房为2.5h)的隔墙隔开，墙上开门应为甲级防火门。

5 井底设容量≥2.0m³ 的排水井。

6 消防电梯载重量不应小于800kg。

7 消防电梯的行驶速度，从建筑物首层到顶层的运行时间不应超过60s。

《高规》6.3.3；《防规》7.4.10

8.2.3 消防电梯的设置数量

1 高层建筑中每层建筑面积≤1500m²，设1台；

1500～4500m²，设2台；

>4500m²，设3台。

《高规》6.3.2

2 建筑高度超过32m，设有电梯的高层厂房、库房内，每个防火分区内应设一台消防电梯(可与客货梯兼用)。

《防规》3.7.7，3.8.9

9 门　　窗

9.1 门窗设置规定

9.1.1 门窗设置的一般规定

1 建筑中的疏散用门应符合下列规定：

（1）民用建筑和厂房的疏散用门应向疏散方向开启。除甲、乙类生产房间外，人数不超过60人的房间且每樘门的平均疏散人数不超过30人时，其门的开启方向不限；

（2）民用建筑及厂房的疏散用门应采用平开门，不应采用推拉门、卷帘门、吊门、转门；

（3）仓库的疏散用门应为向疏散方向开启的平开门，首层靠墙的外侧可设推拉门或卷帘门，但甲、乙类仓库不应采用推拉门或卷帘门；

（4）人员密集场所平时需要控制人员随意出入的疏散用门，或设有门禁系统的居住建筑外门，应保证火灾时不需使用钥匙等任何工具即能从内部易于打开，并应在显著位置设置标识和使用提示。

《防规》7.4.12

2 居住建筑和公共建筑外窗的气密性要求：北京地区7～30层建筑不应低于外窗空气渗透性能的Ⅱ级水平；1～6层建筑不低于Ⅲ级水平。

《民用建筑热工设计规范》4.4.4（一）

外门窗的物理性能应符合《住宅建筑门窗应用技术规范》的规定。

《住宅建筑门窗应用技术规范》3.2.3～3.2.7，4.2.1

3 门的开启不应跨越变形缝。

《通则》6.4.10

人员密集的公共场所、观众厅的疏散门不应设置门槛，其净宽不应小于1.40m且紧靠门内外各1.40m范围内不应设置踏步。

《防规》5.3.15

开向公共走道的窗扇，其底面高度不应低于2.0m。

窗台高度低于0.8m时，应采取防护措施。

低窗台、凸窗等下部有能上人站立的宽窗台面时，窗的防护高度应从窗台面算起。

《通则》6.10.3

高层建筑（7层及7层以上）不应采用外平开窗。

《细则》10.5.8

9.1.2 住宅门窗设置规定

1 外窗窗台距楼（地）面净高低于0.90m时，应有防护措施（窗外有阳台或平台时，可不受此限）。

《住宅设计规范》3.9.1

外窗有效的防护高度应保证净高0.90m，距楼（地）面0.45m以下的台面、横栏等容易造成无意识攀登的可踏面不应计入有效防护高度。

《住宅设计规范》3.9.1及条文说明

凡凸窗（飘窗）为宽度大于0.22m且窗台高小于规定高度的宽窗台时，护栏或固定窗的防护高度一律从窗台面算起。

《技术措施》10.5.3

2 低层、多层住宅阳台栏杆净高应≥1.05m；中、高层住宅阳台栏杆净高应≥1.10m。

《住宅设计规范》3.7.3

封闭阳台落地窗护栏也应满足阳台栏杆净高要求。

《住宅设计规范》3.7.3及条文说明

3 中高层、高层及超过100m高度的超高层住宅严禁设计、采用外平开窗。建筑外窗宜为内平开下悬窗。

《住宅建筑门窗应用技术规范》4.1.10

4 建筑外门、外窗的玻璃必须采用空气层厚度≥9mm的中空玻璃（不含封闭阳台外窗），严禁使用单层玻璃和简易双层玻璃。

《住宅建筑门窗应用技术规范》4.1.9

5 厨房和卫生间的门，应在下口距地面留出不小于30mm的扫地缝。

《住宅设计规范》6.4.4

6 住宅首层外窗及其他层与屋顶平台、大挑檐、公共走廊相连的外窗应设置入侵防范设施。

《住宅安防设计标准》2.4

7 住宅户门应采用安全防卫门。

《住宅设计规范》3.9.4

8 住宅建筑上下相邻套房窗口间应设置高度不低于0.8m的窗槛墙，或设置宽度不小于0.5m、长度不小于窗口宽度的不燃实体挑檐。

《住宅规范》9.4.1

9 应在所有通往住宅楼内的通道口（包括地下车库直接通向住宅楼内的通道）安装与楼门相同的对讲装置或其他电子出入管理系统。

《住宅安防设计标准》3.2.1

9.1.3 高层建筑门窗设置规定

1 高层建筑的公共疏散门均应向疏散方向开启，不应采用侧拉门、吊门及转门。人员密集场所的疏散用门，应设置不需钥匙等器具即能迅速开启的门。

《高规》6.1.16

2 长度不超过60m的内走廊，可开启外窗面积≥走道面积的2%时，可采用自然排烟方式。

需要排烟的房间可开启外窗面积不小于该房间面积的2%时，可采用自然排烟方式。

净空高度小于12m的中庭，可开启天窗或高侧窗的面积不小于该中庭地面面积的5%时，可采用自然排烟方式。

《高规》8.2.2.5

9.1.4　中、小学及托幼建筑门窗设置规定

1　托幼建筑活动室、音体活动室的窗台距地面高度不宜大于0.6m。距地面1.30m内不应设平开窗，楼层无室外阳台（平台）时应设窗护栏。

《托幼建筑设计规范》3.7.3

2　小学及托幼建筑儿童经常出入的门不应用弹簧门，不应设置门槛。

3　中、小学校楼层学生用房须采用内平开窗。

《细则》10.5.8

9.1.5　锅炉房、变配电室门窗设置规定

1　锅炉房通向室外的门应向外开启，锅炉房内的工作间或生活间直通锅炉间的门应向锅炉间方向开启。

《锅炉房设计规范》4.3.8

2　燃气锅炉房应设防爆泄压设施。泄压面积不应小于锅炉房建筑面积的10%，泄压口应避开人员密集场所及安全疏散楼梯间和安全出口。

《锅炉房防规》3.3.3，3.2.2

3　地下或半地下燃气锅炉房应用轻质屋顶或窗井作为防爆泄压设施。如泄压面积达不到上条规定，可在锅炉房内墙面及顶棚敷设金属防爆减压板。

《锅炉房防规》3.5.3

4　变压器室、配电室、电容器室的门应向外开启。相邻配电室之间的门应向低压配电室开启。

《民用建筑电气设计规范》4.9.8

5　高压配电室宜设不能开启的自然采光窗，窗台距室外地坪不宜低于1.80m。配电室临街面不宜开窗。

《民用建筑电气设计规范》4.9.7

9.1.6 人防门设置规定

1 防护密闭门应向外开启；密闭门宜向外开启。

2 出入口人防门设置数量见表 9-1。

出入口人防门设置数量（樘） **表 9-1**

<table>
<tr><th colspan="2">工 程 类 别</th><th>防护密闭门</th><th>密闭门</th></tr>
<tr><td rowspan="2">医疗救护、专业队队员掩蔽部，一等人员掩蔽所，生产车间，食品站</td><td>主要口</td><td>1</td><td>2</td></tr>
<tr><td>次要口</td><td>1</td><td>1</td></tr>
<tr><td colspan="2">二等人员掩蔽所、电站控制室、物资库、区域供水站</td><td>1</td><td>1</td></tr>
<tr><td colspan="2">汽车库、电站发电机房、专业队装备掩蔽部</td><td>1</td><td>0</td></tr>
</table>

《人防设计规范》3.3.6

3 防护密闭门和密闭门的门前通道，其净宽和净高应满足门扇的开启和安装要求。

《人防设计规范》3.3.7

4 设置在出入口的防护密闭门和防爆波活门，其设计压力值应符合下列规定：

1）乙类防空地下室应按表 9-2 确定；

乙类防空地下室出入口防护密闭门的设计压力值（MPa） **表 9-2**

<table>
<tr><th colspan="3">防常规武器抗力级别</th><th>常 5 级</th><th>常 6 级</th></tr>
<tr><td rowspan="3">室外出入口</td><td rowspan="2">直通式</td><td>通道长度≤15(m)</td><td>0.30</td><td>0.15</td></tr>
<tr><td>通道长度>15(m)</td><td rowspan="3">0.20</td><td rowspan="3">0.10</td></tr>
<tr><td colspan="2">单向式、穿廊式、楼梯式、竖井式</td></tr>
<tr><td colspan="3">室内出入口</td></tr>
</table>

注：通道长度——直通式出入口按有防护顶盖段通道中心线在平面上的投影长计。

2）甲类防空地下室应按表 9-3 确定。

甲类防空地下室出入口防护密闭门的设计压力值（MPa）　　表 9-3

<table>
<tr><th colspan="2">防核武器抗力级别</th><th>核 4 级</th><th>核 4B 级</th><th>核 5 级</th><th>核 6 级</th><th>核 6B 级</th></tr>
<tr><td rowspan="2">室外出入口</td><td>直通式、单向式</td><td>0.90</td><td>0.60</td><td rowspan="3">0.30</td><td rowspan="3">0.15</td><td rowspan="3">0.10</td></tr>
<tr><td>穿廊式、楼梯式、竖井式</td><td rowspan="2">0.60</td><td rowspan="2">0.40</td></tr>
<tr><td colspan="2">室内出入口</td></tr>
</table>

《人防设计规范》3.3.18

9.1.7 供残疾者使用的门设置规定

1 应采用自动门，也可采用推拉门、折叠门或平开门，不应采用力度大的弹簧门；

2 在旋转门一侧应另设可供残疾者使用的门；

3 推拉门和平开门，在门把手一侧墙面应留不小于 0.5mm 的墙面宽度；

4 门内外地面高差不应大于 15mm。

《无障设计》7.4.1

9.1.8 门窗安全玻璃使用规定

以玻璃作为建筑材料的下列工程部位，必须使用安全玻璃：

(1) 七层及七层以上建筑物的外开窗。

(2) 幕墙、天棚、吊顶、观光电梯、室内隔断、倾斜窗。

(3) 楼梯、阳台、平台、走廊及中庭的栏板。

(4) 公建入口、门厅及单块＞1.5m^2 的窗玻璃、落地窗。

注：安全玻璃系属符合 GB 9962、GB 9963 标准的夹层玻璃、钢化玻璃及符合上述标准加工组合而成的中空玻璃。

京建法［2001］2 号《北京市建筑工程安全玻璃使用规定》

9.1.9 幕墙设置规定

1 窗间墙、窗槛墙的填充材料应采用不燃材料。

2 无窗间墙和窗槛墙的幕墙，应在每层楼板外沿设置耐火极限≥1.0h 的高度≥0.8m 的不燃烧实体裙墙。

3 幕墙每层楼板、隔墙处的缝隙应采用防火封堵材料封堵。

《防规》7.2.7；《高规》3.0.8

4　玻璃幕墙应采用安全玻璃，幕墙的物理性能均需符合现行有关标准的规定。其适用于抗震地区和建筑高度应符合有关规范的要求。

《通则》6.11.1，6.11.2

5　当与玻璃幕墙相邻的楼面外沿无实体墙时应有防撞设施。

《玻璃幕墙工程技术规范》4.4.5

9.2　防火门窗设置规定

9.2.1　防火门窗设置规定

1　防火门、防火窗应划分为甲、乙、丙三级。

其耐火极限：

甲级：1.20h；

乙级：0.90h；

丙级：0.60h。

2　防火门应为向疏散方向开启的平开门，除平时需要控制人员随意出入的疏散用门或设有门禁系统的居住建筑外门以外，在关闭后应不需使用钥匙等任何工具能从任何一侧手动开启。

3　用于疏散通道、楼梯间和前室的防火门应具有自行关闭功能；双扇和多扇防火门，当发生火灾时还应具有顺序关闭功能。

4　常开的防火门，当发生火灾时，应具备自行关闭和信号反馈功能。

5　设在变形缝附近的防火门，应设在楼层较多的一侧，门开启后不应跨越变形缝。

《防规》7.5.1，7.5.2；

《高规》5.4.1，5.4.2，5.4.3

9.2.2　防火卷帘设置规定

1　防火分区之间应采用防火墙分隔。当采用防火墙确有困难时，可采用防火卷帘等防火设施分隔。防火分区间采用防火卷帘时，防火卷帘的耐火极限不应低于 3.0h 并应具有防烟功能。

《防规》7.5.3，5.1.11

（仓库防火分区间必须采用防火墙分隔。

《防规》3.3.2 注 1）

2 设置防火门确有困难的场所，可采用防火卷帘作防火分区分隔。当采用背火的温升作判定条件时，其耐火极限不低于 3.0h；当采用不包括背火的温升作判定条件的防火卷帘，其卷帘两侧应设独立的闭式自动喷水系统。

《高规》5.4.4

3 设在疏散走道上的防火卷帘，应在卷帘两侧设启闭装置并应具有自动、手动和机械控制功能。

《高规》5.4.5

4 消防电梯前室的门应采用乙级防火门或具停滞功能的防火卷帘。防烟楼梯与消防电梯合用前室的门不能采用防火卷帘。

《高规》6.3.3 及条文说明

5 当消防电梯前室采用乙级防火卷帘时，相近位置应设乙级防火门。

《细则》9.1.4

6 建筑中的封闭楼梯间、防烟楼梯间和消防电梯间前室及合用前室，不应设置卷帘门。

《防规》7.4.11 及条文说明

9.3 建筑中应设置防火门窗的部位

9.3.1 居住建筑、住宅

1 户门设为甲级防火门时，只设有一个安全出口（一座疏散楼梯）的单元式住宅，其规定如下：

18 层及 18 层以下：疏散楼梯通向屋顶；单元之间的疏散楼梯通过屋顶连通；单元与单元之间设有防火墙，窗间墙宽度、窗槛墙高度均为大于 1.20m 的不燃烧墙体。

超过18层时：18层以上部分每层相邻单元楼梯通过阳台或凹廊连通；疏散楼梯通向屋顶（屋顶可以不连通）；18层及18层以下部分单元与单元之间设有防火墙；窗间墙宽度及窗槛墙高度均为大于1.20m的不燃烧墙体。

《高规》6.1.1.2

2 高层住宅户门不应开向前室，确有困难时部分直接开向前室的户门均应为乙级防火门。

《高规》6.1.3

3 未设封闭楼梯间的11层及11层以下单元式住宅，开向楼梯间的户门应为乙级防火门。

《高规》6.2.3.1

4 附设在居住建筑中的托儿所、幼儿园的儿童活动场所及老年人建筑应采用防火隔断与其他部位隔开，隔墙上开门应为乙级防火门。

《防规》7.2.2

9.3.2 汽车库

1 地下及高层汽车库和设在高层建筑裙房内的车库，其楼梯间及前室的门应为乙级防火门。

《汽车库防规》6.0.3

2 除敞开式及斜楼板式以外的多层、高层及地下车库，其坡道两侧应用防火墙与停车区隔开，坡道出入口应采用水幕、防火卷帘或甲级防火门与停车区隔开（当车库和坡道上均设有自动灭火系统时可不受此限）。

《汽车库防规》5.3.3及条文说明

（编者注：《细则》4.2.3条对上述内容的表述为："汽车库不同防火分区之间的坡道的入口应采用水幕、防火卷帘或甲级防火门与停车区隔开。"笔者认为此表述较为确切。）

9.3.3 商店

1 商店建筑的营业厅，当建筑高度在24.0m以下时，可采用有防火门的封闭楼梯间；当建筑高度在24.0m以上时应采用防烟楼梯间。

《细则》8.2.13

（编者注：商店营业厅属“人员密集的公共建筑”。按《防规》7.4.2条规定，其封闭楼梯间的防火门应为乙级防火门。防烟楼梯间亦应按相关规定设置防火门。）

2 地下商店总建筑面积大于20000m^{2}时，应采用无门窗洞口的防火墙分隔。相邻区域确需局部连通时，在所设防火隔间、避难走道或防烟楼梯间及其前室的门均应为在火灾时能自行关闭的甲级防火门。

《防规》5.1.13

9.3.4 医院

1 医院中的洁净手术室或洁净手术部，应采用耐火极限不低于2.0h的隔墙和不低于1.0h的楼板与其他部位隔开。隔墙上开门应为乙级防火门。

《防规》7.2.2

2 病房楼每层防火分区内，有两个及两个以上护理单元时，通向公共走道的单元入口处应设乙级防火门。

《综合医院建筑设计规范》4.0.3

3 综合医院每层电梯间应设前室，由走道通向前室的门应为乙级防火门。

《综合医院建筑设计规范》4.0.4

9.3.5 旅馆

附设在旅馆中的餐厅部分应采用防火墙及甲级防火门与其他部分隔开。

《旅馆建筑设计规范》4.0.5

9.3.6 图书馆、档案馆

1 图书馆基本书库、非书资料库应用防火墙与毗邻的建筑完全隔离，书库、资料库防火墙上的门应为甲级防火门。

《图书馆建筑设计规范》6.2.1，6.2.5

2 档案库区中同一防火分区内的库房之间的隔墙、防火分区间及库区与其他部分之间的隔墙应为防火墙。库区内设置楼梯应为封闭楼梯间，楼梯间的门应为不低于乙级的防火门。

库区缓冲间及档案库的门均应为甲级防火门。

《档案馆建筑设计规范》6.0.2，6.0.7，6.0.8

9.3.7 歌舞娱乐放映游艺场所

1 附设在建筑中的歌舞娱乐放映游艺场所应采用防火隔断与其他部位隔开，隔墙上开门应为乙级防火门。

《防规》7.2.2

2 当歌舞娱乐放映游艺场所须布置在首层、二层或三层以外的其他楼层时，一个厅、室的建筑面积不应大于 200m^2，厅、室的疏散门应为乙级防火门。

《防规》5.1.15

3 高层建筑内的歌舞娱乐放映游艺场所应设在首层或二、三层并应采用防火隔断与其他场所隔开。当墙上开门时应为不低于乙级的防火门。

《高规》4.1.5A

9.3.8 消防控制室及消防水泵房等设备房间

1 附设在建筑物内的消防室控制室、固定灭火系统的设备室、消防水泵房和通风空调机房等，应采用防火隔断与其他部位隔开。设在丁、戊类厂房中的通风机房应采用耐火极限不低于1.0h的隔墙和0.5h的楼板与其他部位隔开。隔墙上的门除本规范另有规定者外，均应采用乙级防火门。

《防规》7.2.5

2 消防控制中心：1.20～1.50m外开甲级防火门。

《民用建筑电气设计规范》23.3.2.1

3 消防水泵房在首层时宜直通室外，在其他层时应直通安全出口；与其他部位隔开的隔墙耐火极限为2.0h，楼板为1.5h。房门应为甲级防火门。

《高规》7.5.1，7.5.2；《防规》8.6.4

4 高层建筑自动灭火系统的设备室、通风空调机房、房间的门应为甲级防火门。

《高规》5.2.7

（编者注：以上条文第（1）条中“除本规范另有规定者外，均应采用乙级防火门”所指为《防规》8.6.4条，消防水泵房的门应采用甲级防火门。因此除消防水泵房外，其余设在建筑物内的消防控制室、固定灭火系统的设备室、通风、空调机房等应采用乙级防火门。第（2）条条文中的规定与第（1）条规定有出入，《防规》为国家标准，而《民用建筑电气设计规范》为行业标准。故附设在建筑物内的消防控制室选用乙级防火门是适宜的。高层建筑可按《高规》5.2.7条规定将消防控制室视为“自动灭火系统的设备室”设置甲级防火门。）

5 柴油发电机房布置在民用建筑中时可布置在建筑物首层或地下一、二层，并采用防火隔断与其他部位隔开。门应采用甲级防火门。储油间应用防火墙与发电机间隔开。储油间的门应为甲级防火门。

《通则》8.3.3；《防规》5.4.3；《高规》4.1.3

9.3.9 锅炉房、变配电所

1 烧油或烧气锅炉、油浸电力变压器、充有可燃油的高压电容器和多油开关等用房宜独立建造。当其受条件限制需布置在民用建筑内时应符合规范有关要求。锅炉房变压器室与其他部位间应采用防火隔断隔开。当必须在隔墙上开设门窗时应设置为甲级防火门窗。

当锅炉房内设置储油间时，其总储量不应大于1.0m^3。储油间应采用防火墙与锅炉间隔开。防火墙上开门应设为甲级防火门。

《防规》5.4.2；《高规》4.1.2；《锅炉房防规》3.3.2

2 燃油燃气锅炉房，锅炉间与相邻的辅助间之间的隔墙应为防火墙；隔墙上开设的门应为甲级防火门；朝锅炉操作面方向开设的玻璃大观察窗应采用具有抗爆能力的固定窗。

《锅炉房设计规范》15.1.3

3 配变电所的门应为防火门，并应符合下列规定：

（1）配变电所位于高层主体建筑（或裙房）内时，通向其他相邻房间的门应为甲级防火门，通向过道的门应为乙级防火门；

（2）配变电所位于多层建筑物的二层或更高层时，通向其他相邻房间的门应为甲级防火门，通向过道的门应为乙级防火门；

(3) 配变电所位于多层建筑物的一层时，通向相邻房间或过道的门应为乙级防火门；

(4) 配变电所位于地下层或下面有地下层时，通向相邻房间或过道的门应为甲级防火门；

(5) 配变电所附近堆有易燃物品或通向汽车库的门应为甲级防火门；

(6) 配变电所直接通向室外的门应为丙级防火门。

《民用建筑电气设计规范》4.9.2

4 配变电所防火门的级别应符合下列要求：

(1) 设在高层建筑内的配变电所，应采用耐火极限不低于2h的隔墙、耐火极限不低于1.50h的楼板和甲级防火门与其他部位隔开；

(2) 可燃油油浸变压器室通向配电室或变压器室之间的门应为甲级防火门；

(3) 配变电所内部相通的门，宜为丙级的防火门；

(4) 配变电所直接通向室外的门，应为丙级防火门。

《通则》8.3.2

5 配、变电所的门应为防火门，并应符合下列要求：

(1) 位于高层主体建筑（或裙房）内或位于多层建筑物的二层或更高层时，通向其他相邻房间的门应为甲级防火门，通向过道的门应为乙级防火门；

(2) 位于多层建筑物的一层时，通向相邻房间或过道的门应为乙级防火门，位于地下层或下面有地下层时，通向相邻房间或过道的门应为甲级防火门；

(3) 低压配电室、无油高压配电室、干式变压器、控制室、值班室之间的门应为乙级防火门；变压器室、配电装置室、电容器室的门应向外开，且应装锁；配电室内相邻房间的门，应向低压方向开启。配电控制室一般应设一个通向室外的出口；位于楼上的控制室，一个出口可通向室外楼梯；

(4) 附近堆有易燃物品或通向汽车库的门应为甲级防火门；

(5) 直接通向室外的门应为丙级防火门。

《技术措施》15.3.4

（编者注：《通则》8.3.2条规定“变配电所内部相通的门宜为丙级防火门。”《技术措施》15.3.4条规定与其不一致。《通则》为国标，故《技术措施》15.3.4条中所规定的“低压配电室、无油高压配电室、干式变压器、控制室、值班室之间的门”应可设为丙级防火门。）

6 变、配电所不应设置在甲、乙类厂房内或贴邻建造，且不应设置在爆炸性气体、粉尘环境的危险区域内。供甲、乙类厂房专用的10kV及以下的变、配电所，当采用无门窗洞口的防火墙隔开时，可一面贴邻建造，并应符合现行国家标准《爆炸和火灾危险环境电力装置设计规范》GB 50058等规范的有关规定。

乙类厂房的配电所必须在防火墙上开窗时，应设置密封固定的甲级防火窗。

《防规》3.3.14

9.3.10 办公建筑

机要室、档案室、重要库房隔墙耐火极限不应小于2.0h。房门应为甲级防火门。

《办公建筑设计规范》5.0.5

9.3.11 影、剧院

1 电影院观众厅疏散门应为甲级防火门。

《电影院建筑设计规范》6.2.3

2 剧院舞台口上部与观众厅闷顶间的隔墙可采用耐火极限不小于1.5h的非燃烧体，隔墙上的门应为乙级防火门。

《防规》7.2.1

3 剧院后台辅助用房的隔墙应采用耐火极限不小于2.0h的不燃烧体，隔墙上的门应为乙级防火门。

《防规》7.2.3

4 剧场舞台通向各处洞口应设甲级防火门，高低压配电室与舞台、侧台、后台相连时，必须设置前室并设甲级防火门。

《剧场建筑设计规范》8.1.2，8.1.5

（编者注：剧场舞台口上部与观众厅闷顶间隔墙上的门依据《防规》7.2.1条规定可设为乙级防火门）

9.3.12 体育建筑

1 体育比赛和训练建筑的灯控、声控、配电室、发电机房、空调机房、消防控制室等部位应做防火墙分隔。门窗耐火极限不应低于1.2h。

（编者注：耐火极限不低于1.2h的门窗即为甲级防火门窗。）

《体育建筑设计规范》8.1.8

2 体育建筑的观众厅、比赛厅、训练厅的安全出口应设乙级防火门。

《体育建筑设计规范》8.1.3

9.3.13 厂房、库房

1 甲、乙类厂房、使用丙类液体的厂房、有明火和高温的厂房及甲、乙、丙类厂房、仓库内布置有不同类别火灾危险性的房间时，其隔墙应采用耐火极限不低于2.0h的不燃烧体。隔墙上的门窗应为乙级防火门窗。

《防规》7.2.3

2 仓库内每个防火分区通向疏散走道或楼梯的门应为乙级防火门。

《防规》3.8.2

3 厂房和仓库内严禁设置员工宿舍。办公室、休息室不应设置在甲、乙类厂房和仓库内。

在丙类厂房和丙、丁类仓库内设置的办公室、休息室，应采用防火隔墙与厂房、仓库隔开，并应至少设一个独立的安全出口。如在隔墙上开门应采用乙级防火门。

《防规》3.3.8，3.3.15

4 丙类液体中间储罐应设置在耐火等级不低于二级的单独的房间内，其容积不应大于1.0m³。房门应为甲级防火门。

《防规》3.3.11；《高规》4.1.10.2

9.3.14　地下室、人防工程

1　地下室内存放可燃物平均重量超过 30kg/m^2 的房间，其隔墙的耐火极限不应低于 2.0h。房门应为甲级防火门。

《高规》5.2.8

2　人防消防控制室、消防水泵房、排烟机房、灭火剂储瓶间、变配电室、通信机房、通风和空调机房及可燃物存放量超过 30kg/m^2 的房间，其房门均应为甲级防火门。

《人防防规》3.1.5

3　防火分区至避难走道入口处应设置前室，前室的面积不应小于 6m^2，前室的门应为甲级防火门。

《人防防规》5.2.5.4

9.3.15　楼梯间、电梯

1　封闭楼梯间

（1）楼梯间的首层可将走道和门厅等包括在楼梯间内，形成扩大的封闭楼梯间。但应采用乙级防火门等措施与其他走道和房间隔开。

《高规》6.2.2；《防规》7.4.2

（2）楼梯间应设乙级防火门并应向疏散方向开启。

《高规》6.2.2

（3）高层厂房（仓库）、人员密集的公共建筑、人员密集的丙类厂房设置封闭楼梯间时应设乙级防火门。

《防规》7.4.2

2　防烟楼梯间

（1）前室和楼梯间的门均应为乙级防火门。

《防规》7.4.3；《高规》6.2.1

（编者注：建筑面积大于 20000m^2 的地下商店应按相关条款的规定设置防烟楼梯间及其前室的防火门。）

（2）楼梯间的首层可将走道和门厅等包括在内，形成扩大的防烟前室。但应采用乙级防火门等措施与其他走道和房间分开。

《防规》7.4.3

3 地下室、半地下室楼梯间

(1) 楼梯间在首层应采用耐火极限不低于 2.0h 的隔墙与其他部位隔开并直通室外。需在隔墙上开门应为乙级防火门。

(2) 地上层与地下、半地下室不应共用楼梯间。需共用楼梯间时，应在首层采用耐火极限不低于 2.0h 的隔墙和乙级防火门将地下、半地下室与地上部分的连通部位完全隔开，并应有明显标志。

《防规》7.4.4；《高规》6.2.8

4 消防电梯

(1) 消防电梯间前室的门应采用乙级防火门。

《防规》7.4.10

(2) 消防电梯间前室的门应为乙级防火门或具有停滞功能的防火卷帘。

《高规》6.3.3.4

(3) 当消防电梯前室采用乙级防火卷帘时，在相近位置应加设乙级防火门。

《细则》9.1.4

(4) 消防电梯井、机房与相邻电梯井、机房之间应用耐火极限不低于 2.0h 的不燃烧体隔墙隔开。隔墙上开门时，应采用甲级防火门。

《防规》7.4.10；《高规》6.3.3

(5) 多层仓库的室外提升设施通向仓库入口上的门应为乙级防火门或防火卷帘。

《防规》3.8.8

5 室外疏散楼梯

室外疏散楼梯，其通向室外梯的疏散门宜为乙级防火门。疏散门不应正对楼梯梯段。

《防规》7.4.5

室外疏散楼梯，其通向室外梯的疏散门应为乙级防火门。疏散门不应正对楼梯梯段。

《高规》6.2.10

9.3.16 防火墙

1 防火墙上的门窗应为甲级防火门窗（固定窗或火灾时能自动关闭的门窗）。

《防规》7.1.5；《高规》5.2.3

2 装有固定窗扇或火灾时可自动关闭的乙级防火窗时，紧靠防火墙两侧的门窗洞口间距不限。

《防规》7.1.3

3 紧靠防火墙两侧的门窗洞口之间最近边缘距离小于2.0m时，应设置固定的乙级防火窗。

《高规》5.2.2

4 防火墙设在转角附近时，内转角两侧墙上门窗洞口之间最近边缘的水平距离不应小于4.0m。当相邻一侧装有固定的乙级防火窗时，距离可不限。

《高规》5.2.1

9.3.17 中庭、门厅

1 一、二级耐火等级建筑的门厅与其他部位之间应采用耐火极限不低于2.0h的不燃烧体隔墙及乙级防火门窗隔开。

《防规》7.2.3

2 建筑物内设置的中庭，当叠加面积超过一个防火分区最大允许建筑面积时应符合以下规定：

（1）房间与中庭相通的开口部位应设置能自行关闭的甲级防火门窗；

与中庭相通的过厅、通道等处应设置能自动关闭的甲级防火门或防火卷帘；

中庭按规范规定设置排烟设施。

《防规》5.1.10

（2）房间与中庭回廊相通的门窗应设能自行关闭的乙级防火门窗；

与中庭相通的过厅、通道等应设乙级防火门或耐火极限大于

3.0h 的防火卷帘分隔；

中庭每层回廊应设火灾自动报警系统和自动喷水灭火系统。

《高规》5.1.5

9.3.18 厨房

除住宅外的其他建筑内的厨房，其隔墙应采用耐火极限不低于 2.0h 的不燃烧体，隔墙上的门应为乙级防火门。

《防规》7.2.3

9.3.19 相邻建筑

两座高层建筑或高层建筑与不低于二级耐火等级的单层、多层民用建筑相邻，当相邻较高一面外墙耐火极限不低于 2.0h，墙上开口部位设有甲级防火门窗或防火卷帘时，其防火间距可适当减小，但不宜小于 4.0m。

《高规》4.2.4

9.3.20 设备管井、通风道、垃圾道

1 电缆井、管道井、排烟道、排气道、垃圾道等竖向管道井，井壁上的检查门应采用丙级防火门。

《高规》5.3.2；《防规》7.2.9

2 垃圾道前室的门应为丙级防火门。

《高规》5.3.4

3 电缆井和管道井受条件限制需设置在防烟楼梯间前室及合用前室时，井壁上的检查门应为丙级防火门。

《住宅规范》9.4.4

10 卫 生 间

10.1 卫生间设置规定

1 除本套住宅外，卫生间不应直接布置在下层住户的卧室、起居室、厨房、餐厅上层。

《通则》6.5.1；《住宅规范》5.1.3

2 厕所、盥洗间、浴室不应直接布置在餐厅、食品加工贮存、医药、医疗、变配电等有严格卫生、防水防潮要求用房的上层。

3 公厕宜设置前室。

4 卫生用房宜有天然采光和不向邻室对流的自然通风，无直接自然通风和严寒地区及寒冷地区用房宜设自然通风道；当自然通风不能满足通风换气要求时，应采用机械通风。

以上《通则》6.5.1

5 办公、科研、商业、服务、文化、纪念、观演、体育、交通、医疗、学校、园林建筑内外公共厕所应进行无障碍设计并设置无障碍专用厕所。

《无障设计》5.1.1～5.1.6

10.2 厕所和浴室隔间平面尺寸

厕所和浴室隔间平面尺寸不应小于表10-1的规定。

厕所和浴室隔间平面尺寸　　表10-1

类　别	平面尺寸(宽度m×深度m)
外开门的厕所隔间	0.90×1.20
内开门的厕所隔间	0.90×1.40

续表

类　别	平面尺寸(宽度 m×深度 m)
医院患者专用厕所隔间	1.10×1.40
无障碍厕所隔间	1.40×1.80(改建用 1.00×2.00)
外开门淋浴隔间	1.00×1.20
内设更衣凳的淋浴隔间	1.00×(1.00+0.60)
无障碍专用浴室隔间	盆浴(门扇向外开启)2.00×2.25 淋浴(门扇向外开启)1.50×2.35

《通则》6.5.2

10.3 卫生设备间距规定

卫生设备间距应符合下列规定：

1 洗脸盆或盥洗槽水嘴中心与侧墙面净距不宜小于 0.55m；

2 并列洗脸盆或盥洗槽水嘴中心间距不应小于 0.70m；

3 单侧并列洗脸盆或盥洗槽外沿至对面墙的净距不应小于 1.25m；

4 双侧并列洗脸盆或盥洗槽外沿之间的净距不应小于 1.80m；

5 浴盆长边至对面墙面的净距不应小于 0.65m；无障碍盆浴间短边净宽度不应小于 2m；

6 并列小便器的中心距离不应小于 0.65m；

7 单侧厕所隔间至对面墙面的净距：当采用内开门时，不应小于 1.10m；当采用外开门时不应小于 1.30m；双侧厕所隔间之间的净距：当采用内开门时，不应小于 1.10m；当采用外开门时不应小于 1.30m；

8 单侧厕所隔间至对面小便器或小便槽外沿的净距：当采用内开门时，不应小于 1.10m；当采用外开门时，不应小于 1.3m。

《通则》6.5.3

10.4 卫生设备配置数量规定

1 商业建筑

商场、超市和商业街公共厕所卫生设施数量的确定应符合表10-2的规定：

商场、超市和商业街为顾客服务的卫生设施　　表10-2

商店购物面积(m^2)	设施	男	女
1000～2000	大便器	1	2
	小便器	1	—
	洗手盆	1	1
	无障碍卫生间	1	
2001～4000	大便器	1	4
	小便器	2	—
	洗手盆	2	4
	无障碍卫生间	1	
≥4000	按照购物场所面积成比例增加		

注：① 该表推荐顾客使用的卫生设施是对净购物面积1000m^2以上的商场。
② 该表假设男、女顾客各为50%，当接纳性别比例不同时应进行调整。
③ 商业街应按各商店的面积合并计算后，按上表比例配置。
④ 商场和商业街卫生设施的设置应符合本标准第5章的规定。
⑤ 商场和商业街无障碍卫生间的设置应符合本标准第7章的规定。
⑥ 商店带饭馆的设施配置应按本标准表3.2.3的规定取值。

《城市公厕设计标准》3.2.2

2 饮食建筑

饭馆、咖啡店、小吃店、茶艺馆、快餐店为顾客配置的卫生设施　　表10-3

设施	男	女
大便器	400人以下，每100人配1个；超过400人每增加250人增设1个	200人以下，每50人配1个，超过200人每增加250人增设1个
小便器	每50人1个	无

续表

设施	男	女
洗手盆	每个大便器配1个，每5个小便器增设1个	每个大便器配1个
清洗池	至少配1个	

注：① 一般情况下，男、女顾客按各为50%考虑。

② 有关无障碍卫生间的设置应符合本标准第7章的规定。

《城市公厕设计标准》3.2.3

卫生器具设置数量　　表 10-4

类别	等级	洗手间中洗手盆	洗手水龙头	洗碗水龙头	厕所中大、小便器
餐馆	一、二级	≤50座设1个 >50座时每100座增加1个			≤100座时，设男大便器1个，小便器1个，女大便器1个；>100座时，每100座增设男大便器1个，或小便器1个，女大便器1个
	三级		≤50座设1个 >50座时每100座增设1个		
饮食店	一级	≤50座设1个 >50座时每100座增设1个			
	二级		≤50座设1个 >50座时每100座增设1个		
食堂	一级		≤50座设1个 >50座时每100座增设1个	≤50座设1个 >50座时每100座增设1个	
	二级		≤50座设1个 >50座时每100座增设1个	≤50座设1个 >50座时每100座增设1个	

《饮食建筑设计规范》3.2.7

3　宿舍

公共厕所、公共盥洗室内卫生设备数量　　表10-5

项　目	设备种类	卫生设备数量
男厕所	大便器	8人以下设一个；超过8人时，每增加15人或不足15人增设一个
	小便器或槽位	每15人或不足15人设一个
	洗手盆	与盥洗室分设的厕所至少设一个
	污水池	公用卫生间或盥洗室设一个

《宿舍建筑设计规范》4.3.2

盥洗室龙头5人以下设一个，5人以上每10人或不足10人增设一个。

淋浴室每个浴位服务人数不应超过15人。

《宿舍建筑设计规范》4.3.4

4　托儿所、幼儿园

每班卫生间设备数量

污水池：1个

大便器（槽）：4位

小便槽：4位

盥洗台：6～8个水龙头

淋浴：2位

（盥洗池高度为0.5～0.55m，宽度为0.40～0.45m，水龙头间距为0.35～0.40m；

每个厕位的平面尺寸为0.80m×0.70m；

沟槽式便槽，槽宽为0.16～0.18m；

坐式便器高度为0.25～0.30m。

《托、幼建筑设计规范》3.2.4）

5　中小学校

（1）小学教学楼学生厕所，女生应按每20人设一个大便器（或1000mm长大便槽）计算；男生应按每40人设一个大便器（或1000mm长大便槽）和1000mm长小便槽计算；

（2）中学、中师、幼师教学楼学生厕所，女生应按每25人设一个大便器（或1100mm长大便槽）计算；男生应按每50人设一个大便器（或1100mm长大便槽）和1000mm长小便槽计算；

（3）教学楼内厕所，应按每90人设一个洗手盆（或600mm长盥洗槽）计算；

《中小学校建筑设计规范》4.2.6

（4）宿舍盥洗室的盥洗槽应按每12人占600mm长度计算；室内应设污水池及地漏；

（5）宿舍的女生厕所应按每12人设一个大便器（或长1100mm大便槽）计算，男生厕所应按每20人设一个大便器（或1100mm长大便槽）和500mm长小便槽计算；厕所内应设洗手盆、污水池和地漏。

中学、中师、幼师的女厕所内，宜设有女生卫生间。

《中小学校建筑设计规范》4.2.15

6 公共文体场所

（1）剧场卫生间

男：每100座设1大便器，每40座设1小便器，每150座设1洗手盆；

女：每25座设1大便器，每150座设1洗手盆；男女厕均应设残疾人专用蹲位。

《剧场建筑设计规范》4.0.6

（2）体育场馆、展览馆、影剧院、音乐厅等公共文体活动场所公共厕所卫生设施数量的确定应符合表10-6的规定：

公共文体活动场所配置的卫生设施　　表10-6

设施	男	女
大便器	影院、剧场、音乐厅和相似活动的附属场所，250人以下设1个，每增加1～500人增设1个	影院、剧场、音乐厅和相似活动的附属场所： 不超过40人的设1个； 41～70人设3个；71～100人设4个；每增1～40人增设1个

续表

设施	男	女
小便器	影院、剧场、音乐厅和相似活动的附属场所，100人以下设2个，每增加1～80人增设1个	无
洗手盆	每1个大便器1个，每1～5个小便器增设1个	每1个大便器1个，每增2个大便器增设1个
清洁池	不小于1个，用于保洁	

注：① 上述设置按男女各为50%计算，若男女比例有变化应进行调整。
② 若附有其他服务设施内容（如餐饮等），应按相应内容增加配置。
③ 公共娱乐建筑、体育场馆和展览馆无障碍卫生设施配置应符合本标准第7章的规定。
④ 有人员聚集场所的广场内，应增建馆外人员使用的附属或独立厕所。

《城市公厕设计标准》3.2.4

（3）体育场馆观众卫生间

男：每1000人设一大便器和一小便器；

女：每1000人设一大便器。

《体育建筑设计规范》4.4.2

7 疗养院

公共盥洗间：6～8床设一洗脸盆；

公厕：男：每15人设一大便器和一小便器；

女：每12人设一大便器。

《疗养院建筑设计规范》3.2.11

8 医院

门诊部：厕所按日门诊量计算。男厕每120人设大便器1个，小便器2个，女厕每75人设大便器1个。

《综合医院建筑设计规范》3.2.9

住院部：

设置集中使用厕所的护理单位，男厕每16床设1个大便器和1个小便器；女厕每12床设1个大便器。

设置集中使用盥洗室和浴室的护理单元，每12～15床各设

1个盥洗水嘴和淋浴器但每一护理单元均不应少于2个。

盥洗室和淋浴室应设置前室。

《综合医院建筑设计规范》3.4.7

9 旅馆、饭店

饭店（宾馆）为顾客配置的卫生设施　　表10-7

招待类型	设备(设施)	数量	要求
附有整套卫生设施的饭店	整套卫生设施	每套客房1套	含澡盆(淋浴),坐便器和洗手盆
	公用卫生间	男女各1套	设置底层大厅附近
	职工洗澡间	每9名职员配1个	
	清洁池	每30个客房1个	每层至少1个
不带卫生套间的饭店和客房	大便器	每9人1个	
	公用卫生间	男女各1套	设置底层大厅附近
	洗澡间	每9位客人1个	含浴盆(淋浴)、洗手盆和大便器
	清洁池	每层1个	

《城市公厕设计标准》3.2.5

10 图书馆

男：每60人1大便器，每30人1小便器；

女：每30人1大便器。

洗手盆按每60人设1具。

《图书馆建筑设计规范》4.5.7

11 机场、火车站

机场、火车站、公共汽（电）车和长途汽车始末站、地下铁道的车站、城市轻轨车站、交通枢纽站、高速路休息区、综合性服务楼和服务性单位公共厕所卫生设施数量的确定应符合表10-8的规定。

机场、(火）车站、综合性服务楼和服务性单位为顾客配置的卫生设施　　表10-8

设施	男	女
大便器	每1～150人配1个	1～12人配1个;13～30人配2个;30人以上,每增加1～25人增设1个

续表

设施	男	女
小便器	75人以下配2个;75人以上每增加1～75人增设1个	无
洗手盆	每个大便器配1个,每1～5个小便器增设1个	每2个大便器配1个
清洁池	至少配1个,用于清洗设施和地面	

注：① 为职工提供的卫生间设施应按本标准第3.2.7条的规定取值。

② 机场、（火）车站、综合性服务楼和服务性单位无障碍卫生间要求应符合本标准第7章的规定。

③ 综合性服务楼设饭馆的，饭馆的卫生设施应按本标准第3.2.3条的规定取值。

④ 综合性服务楼设音乐、歌舞厅的，音乐、歌舞厅内部卫生设施应按本标准第3.2.4条的规定取值。

《城市公厕设计标准》3.2.6

12 室外公共场所

公共场所公共厕所每一卫生器具服务人数设置标准 **表10-9**

卫生器具 / 设置位置	大便器		小便器
	男	女	
广场、街道	1000	700	1000
车站、码头	300	200	300
公园	400	300	400
体育场外	300	200	300
海滨活动场所	70	50	60

注：① 洗手盆应按本标准第3.3.15的规定采用。

② 无障碍厕所卫生器具的设置应符合本标准第7章的规定。

《城市公厕设计标准》3.2.1

11 建筑节能

11.1 公共建筑节能

1 围护结构的热工性能应符合所处城市建筑气候分区的围护结构传热系数限值，否则应按规范规定进行权衡判断。

《公共建筑节能设计标准》(GB) 4.2.2

(城市气候分区详见表11-1；各气候分区围护结构传热系数限值详见表11-2至表11-7。)

2 严寒、寒冷地区建筑的体形系数不应大于0.40，否则应按规范规定进行权衡判断。

《公共建筑节能设计标准》(GB) 4.1.2

3 建筑每个朝向的窗（含透明幕墙）墙面积比均不应大于0.70，否则应按规范规定进行仅衡判断。

《公共建筑节能设计标准》(GB) 4.2.4

4 屋顶透明部分的面积甲类建筑不应大于屋顶总面积的30%，乙类不应大于屋顶总面积的20%，否则应按规范规定进行权衡判断。

《公共建筑节能设计标准》(GB) 4.2.6

5 外窗气密性不应低于《建筑外窗气密性能分级及检测方法》GB 7107规定的4级。

幕墙气密性不应低于《建筑幕墙物理性能分级》GB/T 15225规定的Ⅲ级。

《公共建筑节能设计标准》(GB) 4.2.10，4.2.11

主要城市所处气候分区　　表 11-1

气候分区	代表性城市
严寒地区 A 区	海伦、博克图、伊春、呼玛、海拉尔、满洲里、齐齐哈尔、富锦、哈尔滨、牡丹江、克拉玛依、佳木斯、安达
严寒地区 B 区	长春、乌鲁木齐、延吉、通辽、通化、四平、呼和浩特、抚顺、大柴旦、沈阳、大同、本溪、阜新、哈密、鞍山、张家口、酒泉、伊宁、吐鲁番、西宁、银川、丹东
寒冷地区	兰州、太原、唐山、阿坝、喀什、北京、天津、大连、阳泉、平凉、石家庄、德州、晋城、天水、西安、拉萨、康定、济南、青岛、安阳、郑州、洛阳、宝鸡、徐州
夏热冬冷地区	南京、蚌埠、盐城、南通、合肥、安庆、九江、武汉、黄石、岳阳、汉中、安康、上海、杭州、宁波、宜昌、长沙、南昌、株洲、永州、赣州、韶关、桂林、重庆、达县、万州、涪陵、南充、宜宾、成都、贵阳、遵义、凯里、绵阳
夏热冬暖地区	福州、莆田、龙岩、梅州、兴宁、英德、河池、柳州、贺州、泉州、厦门、广州、深圳、湛江、汕头、海口、南宁、北海、梧州

严寒地区 A 区围护结构传热系数限值　　表 11-2

围护结构部位		体形系数≤0.3 传热系数 K W/(m²·K)	0.3<体形系数≤0.4 传热系数 K W/(m²·K)
屋面		≤0.35	≤0.30
外墙(包括非透明幕墙)		≤0.45	≤0.40
底面接触室外空气的架空或外挑楼板		≤0.45	≤0.40
非采暖房间与采暖房间的隔墙或楼板		≤0.6	≤0.6
单一朝向外窗(包括透明幕墙)	窗墙面积比≤0.2	≤3.0	≤2.7
	0.2<窗墙面积比≤0.3	≤2.8	≤2.5
	0.3<窗墙面积比≤0.4	≤2.5	≤2.2
	0.4<窗墙面积比≤0.5	≤2.0	≤1.7
	0.5<窗墙面积比≤0.7	≤1.7	≤1.5
屋顶透明部分		≤2.5	

严寒地区 B 区围护结构传热系数限值　　表 11-3

围护结构部位		体形系数≤0.3 传热系数 K W/(m²·K)	0.3<体形系数≤0.4 传热系数 K W/(m²·K)
屋面		≤0.45	≤0.35
外墙(包括非透明幕墙)		≤0.50	≤0.45
底面接触室外空气的架空或外挑楼板		≤0.50	≤0.45
非采暖房间与采暖房间的隔墙或楼板		≤0.8	≤0.8
单一朝向外窗(包括透明幕墙)	窗墙面积比≤0.2	≤3.2	≤2.8
	0.2<窗墙面积比≤0.3	≤2.9	≤2.5
	0.3<窗墙面积比≤0.4	≤2.6	≤2.2
	0.4<窗墙面积比≤0.5	≤2.1	≤1.8
	0.5<窗墙面积比≤0.7	≤1.8	≤1.6
屋顶透明部分		≤2.6	

寒冷地区围护结构传热系数和遮阳系数限值　　表 11-4

围护结构部位		体形系数≤0.3 传热系数 K W/(m²·K)		0.3<体形系数≤0.4 传热系数 K W/(m²·K)	
屋面		≤0.55		≤0.45	
外墙(包括非透明幕墙)		≤0.60		≤0.50	
底面接触室外空气的架空或外挑楼板		≤0.60		≤0.50	
非采暖空调房间与采暖空调房间的隔墙或楼板		≤1.5		≤1.5	
外窗(包括透明幕墙)		传热系数 K W/(m²·K)	遮阳系数 SC (东、南、西北/北向)	传热系数 K W/(m²·K)	遮阳系数 SC (东、南、西北/北向)
单一朝向外窗(包括透明幕墙)	窗墙面积比≤0.2	≤3.5	—	≤3.0	—
	0.2<窗墙面积比≤0.3	≤3.0	—	≤2.5	—
	0.3<窗墙面积比≤0.4	≤2.7	≤0.70/—	≤2.3	≤0.70/—
	0.4<窗墙面积比≤0.5	≤2.3	≤0.60/—	≤2.0	≤0.60/—
	0.5<窗墙面积比≤0.7	≤2.0	≤0.50/—	≤1.8	≤0.50/—
屋顶透明部分		≤2.7	≤0.50	≤2.7	≤0.50

注:有外遮阳时,遮阳系数=玻璃的遮阳系数×外遮阳的遮阳系数;无外遮阳时,遮阳系数=玻璃的遮阳系数。

夏热冬冷地区围护结构传热系数和遮阳系数限值　表 11-5

<table>
<tr><td colspan="2">围护结构部位</td><td colspan="2">传热系数 K　W/(m²·K)</td></tr>
<tr><td colspan="2">屋面</td><td colspan="2">≤0.70</td></tr>
<tr><td colspan="2">外墙(包括非透明幕墙)</td><td colspan="2">≤1.0</td></tr>
<tr><td colspan="2">底面接触室外空气的架空或外挑楼板</td><td colspan="2">≤1.0</td></tr>
<tr><td colspan="2">外窗(包括透明幕墙)</td><td>传热系数 K
W/(m²·K)</td><td>遮阳系数 SC
(东、南、西向/北向)</td></tr>
<tr><td rowspan="5">单一朝向外窗(包括透明幕墙)</td><td>窗墙面积比≤0.2</td><td>≤4.7</td><td>—</td></tr>
<tr><td>0.2<窗墙面积比≤0.3</td><td>≤3.5</td><td>≤0.55/—</td></tr>
<tr><td>0.3<窗墙面积比≤0.4</td><td>≤3.0</td><td>≤0.50/0.60</td></tr>
<tr><td>0.4<窗墙面积比≤0.5</td><td>≤2.8</td><td>≤0.45/0.55</td></tr>
<tr><td>0.5<窗墙面积比≤0.7</td><td>≤2.5</td><td>≤0.40/0.50</td></tr>
<tr><td colspan="2">屋顶透明部分</td><td>≤3.0</td><td>≤0.40</td></tr>
</table>

注:有外遮阳时,遮阳系数=玻璃的遮阳系数×外遮阳的遮阳系数;无外遮阳时,遮阳系数=玻璃的遮阳系数。

夏热冬暖地区围护结构传热系数和遮阳系数限值　表 11-6

<table>
<tr><td colspan="2">围护结构部位</td><td colspan="2">传热系数 K　W/(m²·K)</td></tr>
<tr><td colspan="2">屋面</td><td colspan="2">≤0.90</td></tr>
<tr><td colspan="2">外墙(包括非透明幕墙)</td><td colspan="2">≤1.5</td></tr>
<tr><td colspan="2">底面接触室外空气的架空或外挑楼板</td><td colspan="2">≤1.5</td></tr>
<tr><td colspan="2">外窗(包括透明幕墙)</td><td>传热系数 K
W/(m²·K)</td><td>遮阳系数 SC
(东、南、西向/北向)</td></tr>
<tr><td rowspan="5">单一朝向外窗(包括透明幕墙)</td><td>窗墙面积比≤0.2</td><td>≤6.5</td><td>—</td></tr>
<tr><td>0.2<窗墙面积比≤0.3</td><td>≤4.7</td><td>≤0.50/0.60</td></tr>
<tr><td>0.3<窗墙面积比≤0.4</td><td>≤3.5</td><td>≤0.45/0.55</td></tr>
<tr><td>0.4<窗墙面积比≤0.5</td><td>≤3.0</td><td>≤0.40/0.50</td></tr>
<tr><td>0.5<窗墙面积比≤0.7</td><td>≤3.0</td><td>≤0.35/0.45</td></tr>
<tr><td colspan="2">屋顶透明部分</td><td>≤3.5</td><td>≤0.35</td></tr>
</table>

注:有外遮阳时,遮阳系数=玻璃的遮阳系数×外遮阳的遮阳系数;无外遮阳时,遮阳系数=玻璃的遮阳系数。

不同气候区地面和地下室外墙热阻限值　表 11-7

<table>
<tr><td>气候分区</td><td>围护结构部位</td><td>热阻 R(m²·K)/W</td></tr>
<tr><td rowspan="2">严寒地区 A 区</td><td>地面:周边地面
非周边地面</td><td>≥2.0
≥1.8</td></tr>
<tr><td>采暖地下室外墙(与土壤接触的墙)</td><td>≥2.0</td></tr>
</table>

续表

气候分区	围护结构部位	热阻 R(m²·K)/W
严寒地区B区	地面:周边地面 非周边地面	≥2.0 ≥1.8
	采暖地下室外墙(与土壤接触的墙)	≥1.8
寒冷地区	地面:周边地面 非周边地面	≥1.5
	采暖、空调地下室外墙(与土壤接触的墙)	≥1.5
夏热冬冷地区	地面	≥1.2
	地下室外墙(与土壤接触的墙)	≥1.2
夏热冬暖地区	地面	≥1.0
	地下室外墙(与土壤接触的墙)	≥1.0

注:周边地面系指距外墙内表面2m以内的地面;
地面热阻系指建筑基础持力层以上各层材料的热阻之和;
地下室外墙热阻系指土壤以内各层材料的热阻之和。

6 外墙应采用外保温体系。当无法实施外保温时,才可采用内保温。

7 外墙采用外保温体系时,应对下列部位进行详细构造设计:

(1)外墙出挑构件及附墙部件,如:阳台、雨罩、靠外墙阳台栏板、空调室外机搁板、附壁柱、凸窗、装饰线等均应采取隔断热桥和保温措施;

(2)变型缝内应填满保温材料或采取其他保温措施,当采用在缝两侧墙做内保温、且变形缝外侧采取封闭措施时,其每一侧内保温墙的平均传热系数不应大于0.8W/(m²·K)。

8 外墙采用内保温构造时,应充分考虑结构性热桥的影响,并符合以下要求:

(1)外墙平均传热系数应不大于规范规定限值;

(2)热桥部位应采取可靠保温或“断桥”措施;

(3)按照《民用建筑热工设计规范》GB 50176—96的规定,进行内部冷凝受潮验算和采取可靠的防潮措施。

《公共建筑节能设计标准》(北京市) 3.3.1，3.3.2，3.3.3

11.2 居住建筑节能

1 住宅节能设计的规定性指标主要包括：

建筑物体形系数、窗墙面积比、各部围护结构的传热系数、外窗遮阳系数等。

《住宅规范》10.2.1

2 设计建筑各项围护结构的传热系数符合表11-8规定且窗墙比值在规范规定范围内时，可不进行建筑物耗热量指标计算，直接判定为采暖节能建筑设计。否则应采用“参照建筑对比法”进行采暖节能建筑设计判定。

各部分围护结构的传热系数限值 [W/(m² · K)]　　表11-8

<table>
<tr><th rowspan="2">住宅类型</th><th rowspan="2">屋顶</th><th colspan="2">外墙</th><th rowspan="2">外窗/阳台门上部</th><th rowspan="2">阳台门下部门芯板</th><th rowspan="2">接触室外空气地板</th><th rowspan="2">不采暖空间上部楼板</th></tr>
<tr><th>外保温</th><th>内保温的主体断面</th></tr>
<tr><td>5层及以上建筑</td><td>0.6</td><td>0.6</td><td>0.3</td><td rowspan="2">2.8</td><td rowspan="2">1.70</td><td rowspan="2">0.5</td><td rowspan="2">0.55</td></tr>
<tr><td>4层及以下建筑</td><td>0.45</td><td>0.45</td><td>不采用</td></tr>
</table>

《居住建筑节能设计标准》(北京市) 6.0.2

3 集中供暖的高层和中高层住宅楼梯间宜采暖。无采暖楼梯间内墙的传热系数应不大于1.5W/(m² · K)。

《居住建筑节能设计标准》(北京市) 5.2.1，5.2.3

4 建筑物的体形系数：

高层、中高层住宅：不宜超过0.3

多层住宅：不宜超过0.35

低层住宅：不宜超过0.45

《居住建筑节能设计标准》(北京市) 5.1.3

5 外窗面积不宜过大。在满足功能要求条件下，不同朝向的窗墙面积比，不宜超过下列规定数值：

北、西北、西、东北、东、西南向　0.30

东南向	0.35
南向	0.50

《居住建筑节能设计标准》（北京市）5.4.1

6 外窗的可开启面积应不小于所在房间的面积的1/15。

《居住建筑节能设计标准》（北京市）5.2.3

7 外窗（含阳台门）气密性等级不应低于《建筑外窗气密性能分级及检测方法》GB 7107—2002的4级水平。

《居住建筑节能设计标准》（北京市）5.4.2

8 外墙应突出强调采用外保温构造。

外墙采用外保温体系时，应对外墙上的雨罩、阳台、挑廊、凸窗、空调室外机搁板、附壁柱、装饰线及窗口外侧四周墙面采取隔断热桥和保温措施。

外墙如必须采用内保温构造时，热桥部位应采取可靠保温或"断桥"措施，并进行内部冷凝受潮验算。

《居住建筑节能设计标准》（北京市）5.3.1

12 防水、排水

12.1 屋面防水和排水

12.1.1 屋面排水

1 屋面的排水坡度（%）：

卷材防水和刚性防水的平屋面	2～5
平瓦屋面	20～50
波形瓦屋面	10～50
油毡瓦屋面	≥20
网架悬索结构金属板屋面	≥4
压型钢板屋面	5～35
种植土屋面	1～3

注：① 平屋面采用材料找坡宜为2%，采用结构找坡不应小于3%；
② 卷材屋面坡度不宜大于25%，否则应采取防止滑落措施；
③ 卷材防水屋面天沟、檐沟纵向坡度不应小于1%；
④ 地震设防地区坡度大于50%的平瓦屋面，应采取固定加强措施；
⑤ 架空隔热屋面坡度不宜大于5%，种植土屋面坡度不宜大于3%。

《通则》6.13.2

2 屋面排水宜优先采用外排水，高层建筑和多跨及集水面积较大的屋面宜采用内排水。

《通则》6.13.3

3 二层及二层以下的低层建筑可采用无组织排水。

《细则》7.2.1

4 每一屋面或天沟，一般不应少于两个排水口。

《细则》7.2.4

5 两个雨水口的间距不宜大于下列数值：

外檐天沟：24m

平屋面内、外排水：均为15m

6 每个雨水口的汇水面积不得超过按当地降水条件计算所得最大值。

《细则》7.2.6

按设计重现期10年计，每个雨水口的最大允许汇水面积规定如下：

雨水管管径为75mm时：103m²

雨水管管径为100mm时：205m²

雨水管管径为150mm时：444m²

《细则》7.2.10

12.1.2 屋面防水

1 屋面防水等级和设防要求（详见表12-1）：

屋面防水等级和设防要求 **表12-1**

项目	屋面防水等级			
	Ⅰ级	Ⅱ级	Ⅲ级	Ⅳ级
建筑物类别	特别重要或对防水有特殊要求的建筑	重要的建筑和高层建筑	一般的建筑	非永久性的建筑
防水层合理使用年限	25年	15年	10年	5年
设防要求	三道或三道以上防水设防	二道防水设防	一道防水设防	一道防水设防
防水层选用材料	宜选用合成高分子防水卷材、高聚物改性沥青防水卷材、金属板材、合成高分子防水涂料、细石防水混凝土等材料	宜选用高聚物改性沥青防水卷材、合成高分子防水卷材、金属板材、合成高分子防水涂料、高聚物改性沥青防水涂料、细石防水混凝土、平瓦、油毡瓦等材料	宜选用高聚物改性沥青防水卷材、合成高分子防水卷材、三毡四油沥青防水卷材、金属板材、高聚物改性沥青防水涂料、合成高分子防水涂料、细石防水混凝土、平瓦、油毡等材料	可选用二毡三油沥青防水卷材、高聚物改性沥青防水涂料等材料

注：① 本规范中采用的沥青均指石油沥青，不包括煤沥青和煤焦油等材料。
② 石油沥青纸胎油毡和沥青复合胎柔性防水卷材，系限制使用材料。
③ 在Ⅰ、Ⅱ级屋面防水设防中，如仅作一道金属板材时，应符合有关技术规定。

《屋面工程技术规定》3.0.1

2 倒置式屋面防水等级不应低于Ⅱ级；

种植土屋面防水等级不应低于Ⅰ级。

《细则》7.3.4，7.3.5

3 常年温度很大且经常处于饱和湿度状态的房间（如公共浴室、主食厨房的蒸煮间等）在其屋面保温层下应设隔汽层。

《细则》7.3.10

在纬度40°以北地区且室内空气湿度大于75%或其他地区室内空气湿度常年大于80%时，若采用吸湿性保温材料做保温层时，屋面应做隔汽层。

《屋面工程技术规范》4.2.6

4 屋面刚性防水应设分仓缝，纵横间距应不大于6.0m。分仓缝应用防水密封材料填实。

《细则》7.3.3

12.2 地下工程防水

1 地下工程的防水等级共分为四级：

一级：适用于人员长期停留的场所及极重要的战备工程；

二级：适用于人员经常活动的场所及重要的战备工程；

三级：适用于人员临时活动的场所及一般的战备工程；

四级：适用于对渗漏无严格要求的工程。

《地下工程防水技术规范》3.2.2

2 地下工程防水设防要求详见表12-2。

3 地下工程的钢筋混凝土结构应采用防水混凝土并根据防水等级的要求采用其他相应防水措施。

《地下工程防水技术规范》3.1.4

4 地下室防水等级，应根据工程的重要性和使用中对防水的要求按表12-3选定。

地下工程防水设防（明挖施工）

表 12-2

工程部位		主体						施工缝						后浇带					变形缝、诱导缝				
防水措施		防水混凝土	防水砂浆	防水卷材	防水涂料	塑料防水板	金属板	遇水膨胀止水条	中埋式止水带	外贴式止水带	外抹防水砂浆	外涂防水涂料	膨胀混凝土	遇水膨胀止水条	外贴式止水带	防水嵌缝材料	中埋式止水带	外贴式止水带	可卸式止水带	防水嵌缝材料	外贴防水卷材	外涂防水涂料	遇水膨胀止水条
防水等级	一级	应选	应选一至二种					应选二种					应选	应选二种			应选	应选二种					
	二级	应选	应选一种					应选一至二种					应选	应选一至二种			应选	应选一至二种					
	三级	应选	宜选一种					宜选一至二种					应选	宜选一至二种			应选	宜选一至二种					
	四级	宜选	—					宜选一种					应选	宜选一种			应选	宜选一种					

《地下工程防水技术规范》3.3.1

不同防水等级的适用范围　　表 12-3

防水等级	适用范围	地下室项目举例
一级	人员长期停留的场所；因有少量湿渍会使物品变质、失效的贮物场所及严重影响设备正常运转和危及工程安全运营的部位；极重要的战备工程、地铁车站	居住建筑地下用房、办公用房、医院、餐厅、旅馆、影剧院、商场、娱乐场所、展览馆、体育馆、飞机、车船等交通枢纽、冷库、粮库、档案库、金库、书库、贵重物品库、通信工程、计算机房、电站控制室、配电间和发电机房等人防指挥工程、武器弹药库、防水要求较高的人员掩蔽部、铁路旅客站台、行李房、地下铁道车站等
二级	人员经常活动的场所；在有少量湿渍的情况下不会使物品变质、失效的贮物场所及基本不影响设备正常运转和工程安全运营的部位；重要的战备工程	地下车库、城市人行地道、空调机房、燃料库、防水要求不高的库房、一般人员掩蔽工程、水泵房等
三级	人员临时活动的场所；一般战备工程	一般战备工程交通和疏散通道等
四级	对渗漏水无严格要求的工程	

注：本表依据《地下工程防水技术规范》GB 50108—2008 编制。

《技术措施》3.2.4

5　防水混凝土结构厚度不应小于 250mm，抗渗等级应符合以下要求：

工程埋深(m)	设计抗渗等级
＜10	S6
10～20	S8
20～30	S10
30～40	S12

《地下工程防水技术规范》4.1.3，4.1.6

6　结构刚度较差或受振动作用的工程应采用卷材、涂料等柔性防水材料。

《地下工程防水技术规范》3.3.4

12.3 基地地面排水

1 基地内应有排除地面及路面雨水至城市排水系统的措施，有条件的地区应采取雨水回收利用措施。

2 基地地面坡度不应小于0.2%，地面坡度大于8%时宜分成台地，台地连接处应设挡墙或护坡。

3 基地机动车道：纵坡不应小于0.2%，亦不应大于8%，坡长不应大于200m；

特殊路段纵坡可不大于11%，坡长不大于80m；

多雪严寒地区纵坡不应大于5%，坡长不大于600m；

道路横坡应为1%～2%。

基地非机动车道：纵坡不应小于0.2%，亦不应大于3%，坡长不大于50m；

多雪严寒地区纵坡不应大于2%，坡长不大于100m；

横坡应为1%～2%。

基地步行道：纵坡不应小于0.2%，亦不应大于8%；

多雪严寒地区纵坡不应大于4%；

横坡应为1%～2%。

以上均选自《通则》5.3.1，5.3.2

13 建筑结构和抗震

13.1 抗震设防规定

1 抗震设防烈度为 6 度及以上地区的建筑，必须进行抗震设计。

《抗震规范》1.0.2

2 北京地区抗震设防烈度：

昌平、怀柔、门头沟区及密云县为 7 度设防区，其余区县均为 8 度设防区。

《细则》5.5.1

13.2 砌体结构建筑构造规定

1 建筑层数和建筑高度规定详见表 13-1。

2 层高规定：

砌块砌体承重的房屋层高不应超过 3.6m；

底部框架防震墙房屋的底部层高不应超过 4.5m；

内框架房屋的层高不应超过 4.5m。

《抗震规范》7.1.3

3 建筑高宽比限值详见表 13-2。

4 抗震横墙间距规定详见表 13-3。

5 局部构造规定详见表 13-4。

女儿墙顶部应设置现浇钢筋混凝土压顶。当女儿墙高度（从屋顶结构面算起）超过 0.5m 时，还应加设钢筋混凝土构造柱。

《细则》5.5.2

房屋的层数和总高度限值（m）　　表 13-1

房屋类别		最小墙厚度（mm）	烈度							
			6		7		8		9	
			高度	层数	高度	层数	高度	层数	高度	层数
多层砌体	普通砖	240	24	8	21	7	18	6	12	4
	多孔砖	240	21	7	21	7	18	6	12	4
	多孔砖	190	21	7	18	6	15	5	—	—
	小砌块	190	21	7	21	7	18	6	—	—
底部框架-抗震墙		240	22	7	22	7	19	6	—	—
多排柱内框架		240	16	5	16	5	13	4	—	—

注：① 房屋的总高度指室外地面到主要屋面板板顶或檐口的高度，半地下室从地下室室内地面算起，全地下室和嵌固条件好的半地下室应允许从室外地面算起；对带阁楼的坡屋面应算到山尖墙的 1/2 高度处。

② 室内外高差大于 0.6m 时，房屋总高度应允许比表中数据适当增加，但不应多于 1m。

③ 本表小砌块砌体房屋不包括配筋混凝土小型空心砌块砌体房屋。

④ 对医院、教学楼等及横墙较少的多层砌体房屋，建筑高度应较上表值降低 3m，层数相应减少一层。

《抗震规范》7.1.2

房屋最大高宽比　　表 13-2

烈度	6	7	8	9
最大高宽比	2.5	2.5	2.0	1.5

注：① 单面走廊房屋的总宽度不包括走廊宽度。

② 建筑平面接近正方形时，其高宽比宜适当减小。

《抗震规范》7.1.4

房屋抗震横墙最大间距（m）　　表 13-3

房屋类别		烈度			
		6	7	8	9
多层砌体	现浇或装配整体式钢筋混凝土楼、屋盖	18	18	15	11
	装配式钢筋混凝土楼、屋盖	15	15	11	7
	木楼、屋盖	11	11	7	4
底部框架-抗震墙	上部各层	同多层砌体房屋			—
	底层或底部两层	21	18	15	—
多排柱内框架		25	21	18	—

注：① 多层砌体房屋的顶层，最大横墙间距应允许适当放宽。

② 表中木楼、屋盖的规定，不适用于小砌块砌体房屋。

《抗震规范》7.1.5

房屋的局部尺寸限值（m）　　表 13-4

部　　位	6度	7度	8度	9度
承重窗间墙最小宽度	1.0	1.0	1.2	1.5
承重外墙尽端至门窗洞边的最小距离	1.0	1.0	1.2	1.5
非承重外墙尽端至门窗洞边的最小距离	1.0	1.0	1.0	1.0
内墙阳角至门窗洞边的最小距离	1.0	1.0	1.5	2.0
无锚固女儿墙(非出入口处)的最大高度	0.5	0.5	0.5	0.0

注：① 局部尺寸不足时应采取局部加强措施弥补。
② 出入口处的女儿墙应有锚固。
③ 多层多排柱内框架房屋的纵向窗间墙宽度，不应小于 1.5m。

《抗震规范》7.1.6

13.3　现浇钢筋混凝土结构房屋建筑高度规定

现浇钢筋混凝土房屋适用的最大高度（m）　　表 13-5

结构类型	烈　度			
	6	7	8	9
框架	60	55	45	25
框架-抗震墙	130	120	100	50
抗震墙	140	120	110	60
部分框支抗震墙	120	100	80	不应采用
框架-核心筒	150	130	100	70
筒中筒	180	150	120	80
板柱-抗震墙	40	35	30	不应采用

注：① 房屋高度指室外地面到主要屋面板板顶的高度（不包括局部突出屋顶部分）。
② 框架-核心筒结构指周边稀柱框架与核心筒组成的结构。
③ 部分框支抗震墙结构指首层或底部两层框支抗震墙结构。

《抗震规范》6.1.1

（现浇钢筋混凝土结构建筑高宽比不应超过 6.0。

《细则》5.5.3）

13.4 钢结构房屋建筑高度规定

结构类型	6、7度	8度	9度
框架	110	90	50
框架-支撑（抗震墙板）	220	200	140
筒体和巨型框架	300	260	180

《抗震规范》8.1.1

（建筑高宽比值不得超过下列限值：

6、7度区	6.5
8度区	6.0
9度区	5.5

《抗震规范》8.1.2）

13.5 框架结构的非承重砌体隔墙的高度规定

墙厚(mm)	墙高(m)
75	1.5～2.4
100	2.1～3.2
125	2.7～3.9
150	3.3～4.7
175	3.9～5.6
200	4.4～6.3
250	4.8～6.9

（注：1 隔墙无门窗洞口时可取上限值。
2 墙体应按规定设置配筋带、拉结筋及圈梁。）

《细则》5.5.4

13.6 地下人防工程出入口临空墙防护厚度规定

13.6.1 对于符合手册第 6.1.11 条规定的独立式室外出入口，乙类防空地下室的独立式室外出入口临空墙的厚度不应小于 250mm；甲类防空地下室的独立式室外出入口临空墙的厚度应符合表 13-6 的规定。

独立式室外出入口临空墙最小防护厚度（mm）　表 13-6

<table>
<tr><th rowspan="2">剂量限值
（Gy）</th><th colspan="4">防核武器抗力级别</th></tr>
<tr><th>4</th><th>4B</th><th>5</th><th>6、6B</th></tr>
<tr><td>0.1</td><td>400</td><td>350</td><td rowspan="2">250</td><td>—</td></tr>
<tr><td>0.2</td><td>300</td><td>250</td><td>250</td></tr>
</table>

注：① 表内厚度系按钢筋混凝土墙确定。

② 甲类防空地下室的剂量限值按规范相关规定确定。

《人防设计规范》3.1.11

13.6.2 战时室内有人员停留的乙类防空地下室，其附壁式室外出入口临空墙厚度不应小于 250mm。战时室内有人员停留的甲类防空地下室，其附壁式室外出入口临空墙最小防护厚度应符合表 13-7 的规定。

《人防设计规范》3.3.13

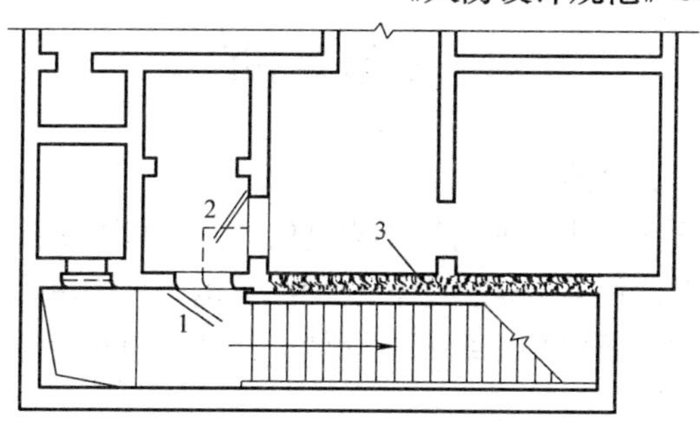

图 13-1　附壁式室外出入口

1—防护密闭门；2—密闭门；3—临空墙

甲类防空地下室室外出入口临空墙最小防护厚度（mm）　　表 13-7

城市海拔（m）	剂量限值（Gy）	防核武器抗力级别			
		4	4B	5	6、6B
≤200	0.1	1150	1000	650	—
	0.2	1050	900	500	250
>200 ≤1200	0.1	1200	1050	700	—
	0.2	1100	950	600	250
>1200	0.1	1250	1100	750	—
	0.2	1150	1000	650	250

13.6.3 战时室内有人员停留的乙类防空地下室的室内出入口临空墙厚度不应小于 250mm。战时室内有人员停留的甲类防空地下室的室内出入口临空墙最小防护厚度应符合表 13-8 的规定。

《人防设计规范》3.3.15

室内出入口临空墙最小防护厚度（mm）　　表 13-8

<table>
<tr><th rowspan="2">城市海拔（m）</th><th rowspan="2">剂量限值（Gy）</th><th colspan="4">防核武器抗力级别</th></tr>
<tr><th>4</th><th>4B</th><th>5</th><th>6、6B</th></tr>
<tr><td rowspan="2">≤200</td><td>0.1</td><td>800</td><td>600</td><td>300</td><td>—</td></tr>
<tr><td>0.2</td><td>700</td><td>500</td><td colspan="2">250</td></tr>
<tr><td rowspan="2">>200
≤1200</td><td>0.1</td><td>850</td><td>700</td><td>350</td><td>—</td></tr>
<tr><td>0.2</td><td>750</td><td>600</td><td colspan="2">250</td></tr>
<tr><td rowspan="2">>1200</td><td>0.1</td><td>900</td><td>750</td><td>450</td><td>—</td></tr>
<tr><td>0.2</td><td>800</td><td>650</td><td>350</td><td>250</td></tr>
</table>

注：① 表内厚度系按钢筋混凝土墙确定。
② 甲类防空地下室的剂量限值按规范相关规定确定。

13.7 变形缝和防震缝

13.7.1 设置规定

体型复杂、平立面特别不规则的建筑，可按实际需要在适当部位设置防震缝，形成多个较规则的抗侧力结构单元。

建筑物设置的伸缩缝和沉降缝，其宽度应符合防震缝的缝宽规定。

《抗震规范》3.4.5，3.4.6

墙体的伸缩缝应与结构的其他变形缝相重合。

《砌体结构设计规范》6.3.1

13.7.2 防震缝宽度规定

1 钢筋混凝土结构：

(1) 框架结构：当建筑高度不超过15m时，缝宽70mm；建筑高度超过15m时：6度区建筑高度每增加5m，
7度区建筑高度每增加4m，
8度区建筑高度每增加3m，
缝宽宜加20mm。

(2) 框架-抗震墙结构：采用框架结构规定缝宽数值的70%。

(3) 抗震墙结构：采用框架结构规定缝宽数值的50%。

(4) 防震缝宽均不宜小于70mm。

《抗震规范》6.1.4

2 多层砌体结构有下列情况之一时，宜设置防震缝，缝两侧均应设置墙体。

(1) 房屋立面高差在6m以上；

(2) 房屋有错层，且楼板高差较大；

(3) 各部分结构刚度、质量差异大。

缝宽根据设防烈度和房屋高度确定，可采用50～100mm。

《抗震规范》7.1.7

3 钢结构建筑需设防震缝时，缝宽应不小于相应钢筋混凝土结构房屋防震缝宽规定值的1.5倍。

《抗震规范》8.1.4

13.7.3 伸缩缝设置的最大间距

1 钢筋混凝土结构伸缩缝设置见表13-9。

钢筋混凝土结构伸缩缝设置的最大间距（m）　　表13-9

结构类型		室内或土中	露天
排架结构	装配式	100	70
框架结构	装配式	75	50
	现浇式	55	35
剪力墙结构	装配式	65	40
	现浇式	45	30
挡土墙、地下室墙	装配式	40	30
	现浇式	30	20

《混凝土结构设计规范》9.1.1

2 砌体结构的伸缩缝设置见表13-10。

砌体结构伸缩缝设置的最大间距（m）　　表13-10

屋盖或楼盖类型		伸缩缝间距
整体式或装配整体式钢筋混凝土结构	有保温层或隔热层	50
	无保温层或隔热层	40
装配式无檩体系钢筋混凝土结构	有保温层或隔热层	60
	无保温层或隔热层	50
装配式有檩体系钢筋混凝土结构	有保温层或隔热层	75
	无保温层或隔热层	60
瓦材屋盖、木屋盖、楼盖、轻钢屋盖		100

《砌体结构设计规范》6.3.1

14 常用数据及资料

14.1 定额、面积指标

1 商店

商店的疏散人数应按每层营业厅建筑面积乘以面积折算值和疏散人数换算系数计算。

面积折算值：地上商店宜为 0.5～0.7，地下商店不应小于 0.7。

营业厅疏散人数的换算系数（人/m^2）：

地下二层：0.8

地下一层：0.85

地上一、二层：0.85

地上三层：0.77

地上四层及以上各层：0.60

对于采用防火分隔措施隔开且疏散时无需进入营业厅内的仓储、设备房、工具间、办公室等可不计入营业厅面积内。

《防规》5.3.17 及条文说明

2 歌舞娱乐放映游艺场所

最大容纳人数按录像厅、放映厅为 1.0 人/m^2，其他场所为 0.5 人/m^2 计算。

《防规》5.3.17；《高规》4.1.5A

3 餐饮建筑

餐馆、饮食店、食堂的餐厅与饮食厅每座最小使用面积应符合表 14-1 的规定。

餐厅与饮食厅每座最小使用面积　　表 14-1

等级＼类别	餐馆餐厅（m^2/座）	饮食店饮食厅（m^2/座）	食堂餐厅（m^2/座）
一	1.30	1.30	1.10
二	1.10	1.10	0.85
三	1.00	—	—

《饮食建筑设计规范》3.1.2

4　办公建筑

普通办公室使用面积：4.0m^2/人

设计、绘图室使用面积：6.0m^2/人

研究工作室使用面积：5.0m^2/人

中小会议室使用面积：有会议桌为 1.8m^2/人

无会议桌为 0.8m^2/人

《办公建筑设计规范》4.2.3，4.2.4

5　影、剧院

门厅、休息厅使用面积指标（m^2/座）　　表 14-2

	影院	剧院	注
甲级	0.5	0.3(0.5)	括号内为合用厅指标
乙级	0.3	0.2(0.3)	
丙级	0.1	0.1(0.25)	

小卖部、小件寄存（衣物存放）：0.04m^2/座。

《电影院建筑设计规范》4.3.2～4.3.5；

《剧场建筑设计规范》4.0.1～4.0.4

6　托儿所、幼儿园

（1）生活用房最小使用面积（m^2/班）：

活动室：50 ┐

　　　　　　├合用：80

寝　室：50 ┘

卫生间：15

衣帽间：9

（2）音体教室：大型幼儿园　150m²
　　　　　　中型幼儿园　120m²
　　　　　　小型幼儿园　90m²
《托儿所、幼儿园建筑设计规范》3.2.1

7 中、小学校

（1）主要房间使用面积指标

主要房间使用面积　　表 14-3

房间名称	按使用人数计算每人所占面积(m²)			
	小学	普通中学	中等师范	幼儿师范
普通教室	1.10	1.12	1.37	1.37
实验室	—	1.80	2.00	2.00
自然教室	1.57	—	—	—
史地教室	—	1.80	2.00	2.00
美术教室	1.57	1.80	2.84	2.84
书法教室	1.57	1.50	1.94	1.94
音乐教室	1.57	1.50	1.94	1.94
舞蹈教室	—	—	—	6.00
语言教室	—	—	2.00	2.00
微型电子计算机教室	1.57	1.80	2.00	2.00
微型电子计算机教室附属用房	0.75	0.87	0.95	0.95
演示教室	—	1.22	1.37	1.37
合班教室	1.00	1.00	1.00	1.00

注：① 本表按小学每班45人，中学每班50人，中师、幼师每班40人计算。
② 本表不包括实验室、自然教室、史地教室、美术教室、音乐教室、舞蹈教室的附属用房面积指标。
③ 本表普通教室的面积指标，系按中小学校课桌规定的最小值，小学课桌长度按1000mm、中学课桌长度按1100mm测算的。

（2）实验室：使用面积≥4.5m²/人。
（3）阅览室：教师阅览室≥2.1m²/座；
　　　　　　学生阅览室≥1.5m²/座。
（4）教师办公室：使用面积≥3.5m²/人。
（5）中学、中师、幼师学生宿舍：2.7m²/床；

学生宿舍贮物间使用面积0.10～0.12m²/人。

《中小学校建筑设计规范》5.1

8 宿舍

每室居住人数人均使用面积指标 **表 14-4**

		1类	2类	3类	4类
每室居住人数(人)		1	2	3～4	6、8
人均面积(m^2/人)	单层床	16	8	5	—
	双层床	—	—	—	4、3

《宿舍建筑设计规范》4.2.1

9 汽车客运站

候车厅：1.10m^2/人

售票厅：15m^2/售票窗口

(售票窗口数＝最高聚集人数/120)

《汽车客运站建筑设计规范》5.2.1，5.3.1

10 铁路旅客站

集散厅：高峰小时发送量，每人≥0.2m^2

候车厅：高峰小时发送量，每人≥1.20m^2

售票厅：16m^2/售票窗口

(售票窗口：小型站2～4个；中型站15～50个)

《铁路旅客站建筑设计规范》5.2.1～5.4.4

14.2 建筑面积计算规定

1 建筑面积计算表

建筑面积计算表 **表 14-5**

建筑名称	面积计算规定
单层建筑和多层建筑，屋顶楼梯间、水箱间、电梯机房、舞台灯光控制室	单层建筑按其勒脚以上结构外围(含外保温隔热层)水平面积计算建筑面积。 多层建筑首层按外墙勒脚以上，楼层按其外墙结构外围(含外保温隔热层)水平面积计算建筑面积。 层高在2.20m及以上计算全面积。 层高不足2.20m计算1/2面积

续表

建筑名称	面积计算规定
坡地建筑架空走廊 橱窗、门斗、挑廊、檐廊	按其围护结构外围水平面积计算建筑面积。 层高在 2.20m 及以上的计算全面积。 层高不足 2.20m 的部位计算 1/2 面积。 有永久性顶盖、无围护结构的按结构底板水平面积的 1/2 计算面积。 设计利用的无围护结构吊脚架空层按利用部位水平面积的 1/2 计算面积
地下室、半地下室	按其外墙上口外边线围合的水平面计算面积。 层高 2.20m 及以上计算全面积，不足 2.20m 计算1/2 面积
坡顶及场馆看台下空间	设计利用坡顶内或场馆看台下空间时，净高超过 2.10m计算全面积，净高在 1.20m 至 2.10m 间的部位计算 1/2 面积
立体书库 立体仓库 立体车库	无结构层时按一层计算，有结构层时按结构层分层计算面积。 层高 2.20m 及以上计算全面积，不足 2.20m 计算1/2 面积
场馆看台、车棚、货棚、站台、加油站、收费站	有永久性顶盖无围护结构的部位按其顶盖水平投影面积的 1/2 计算建筑面积
阳台	均应按水平投影面积的 1/2 计算建筑面积
室外楼梯	有永久性顶盖的室外楼梯按建筑物自然层水平投影面积的 1/2 计算建筑面积
雨篷	雨篷外端边线至外墙外边线的宽度超过 2.10m 时按雨篷水平投影面积的 1/2 计算建筑面积

2 围护结构不垂直于水平面而超出底板外沿的建筑物，应按其底板的外围水平面积计算建筑面积。

3 建筑物外墙有保温隔热层时，应按保温隔热层外边线计算建筑面积。

4 建筑物内的变形缝，应按其自然层合并在建筑物面积内计算。

5 以下项目和部位不应计算面积：

（1）建筑物坡屋顶内或场馆看台下，当设计不利用或室内净高不足 1.20m 时不应计算建筑面积；

（2）地下室、半地下室的采光井、外墙防潮层及其护墙；

(3) 设计不利用的深层基础架空层、坡地吊脚架空层、多层建筑坡屋顶内及场馆看台下的空间；

(4) 建筑物通道（骑楼，过街楼的底层）；

(5) 建筑物内的设备管道夹层；

(6) 建筑物内分隔的单层房间、舞台及后台悬挂幕布和布景的天桥、挑台等；

(7) 屋顶水箱、花架、凉棚、露台、露天游泳池；

(8) 建筑物内的操作平台、上料平台、安装箱和罐体的平台；

(9) 勒脚、附墙柱、垛、台阶、墙面抹灰、装饰面层，装饰性幕墙、空调室外机搁板（箱）、飘窗、构、配件，宽度在2.10m及以内的雨篷及与建筑内不相连通的装饰性阳台和挑廊；

(10) 无永久性顶盖的架空走廊、室外楼梯和用于检修、消防的室外钢楼梯、爬梯；

(11) 自动扶梯，自动人行道；

(12) 独立烟囱、烟道、地沟、油（水）罐、气柜、水塔、贮油（水）池、贮仓、栈桥、地下人防通道、地铁隧道。

14.3 常用计量单位的名称、符号及其换算

1 常用计量单位的名称、符号和换算表

常用计量单位的名称、符号和换算表　　表14-6

量的名称	单位名称		单位符号		换算
	国家标准名称	废除名称	正	误	
长度	米	公尺	m	M	
	千米(公里)		km		
	分米	公寸	dm		
	厘米	公分	cm		
	毫米	公厘	mm		
质量(重量)	千克(公斤)		kg		1t=1000kg
	吨		t	T	
	克		g		

续表

量的名称	单位名称		单位符号		换算
	国家标准名称	废除名称	正	误	
容量	升	公升	L(l)		$1L=1dm^3$ $1mL=1cm^3$
	毫升	公撮	mL(ml)		
	立方米		m^3	M^3	
面积	平方米		m^2	M^2	$1ha=10000m^2$
	公顷		ha		
时间	日(天)		d		
	[小]时		h		
	分		min		
	秒		s		
温度	摄氏度		℃		

注：在设计文件中一般应采用符号，在与阿拉伯数字连用及图、表、公式中的计量单位一律采用符号。名称与符号不得混用。

2 在设计文件中应避免使用市制单位，如必须使用时一般不应将市制单位与国际单位制单位或其他单位构成组合单位。

暂可使用的市制单位　　表 14-7

长度	[市]里	1[市]里=500m
	丈	1 丈=3⅓m=3.3m
	尺	1 尺=1/3m=0.3m
质量(重量)	[市]担	1[市]担=50kg
	斤	1 斤=500g=0.5kg
面积	亩	1 亩=1/15 公顷=10000/15m^2=666.7m^2

3 大写拉丁字母（斜体）表示的主体符号

大写拉丁字母（斜体）表示的主体符号　　表 14-8

A	面积	T	温度
V	体积	Q	荷载

4 小写拉丁字母（斜体）表示的主体符号

小写拉丁字母（斜体）表示的主体符号　　表 14-9

d	直径,厚度	r	半径
h	高度	t	时间,薄构件的截面厚度
l	长度、跨度		

附录1　引用规范名称对照一览

	名称	编号	本文引用简称
1	民用建筑设计通则	GB 50352—2005	《通则》
2	建筑设计防火规范	GB 50016—2006	《防规》
3	高层民用建筑设计防火规范(2005年版)	GB 50045—95	《高规》
4	人民防空地下室设计规范	GB 50038—2005	《人防设计规范》
5	人民防空工程设计防火规范	GB 50098—2009	《人防防规》
6	汽车库建筑设计规范	JGJ 100—98	《汽车库设计规范》
7	汽车库、修车库、停车场设计防火规范	GB 50067—97	《汽车库防规》
8	商店建筑设计规范	JGJ 48—88	
9	中小学校建筑设计规范	GBJ 99—86	《中小学设计规范》
10	托儿所、幼儿园建筑设计规范	JGJ 39—87	《托、幼建筑设计规范》
11	办公建筑设计规范	JGJ 67—2006	
12	综合医院建筑设计规范	JGJ 49—88	
13	旅馆建筑设计规范	JGJ 62—90	
14	剧场建筑设计规范	JGJ 57—2000	
15	电影院建筑设计规范	JGJ 58—2008	
16	体育建筑设计规范	JGJ 31—2003	
17	图书馆建筑设计规范	JGJ 38—99	
18	档案馆建筑设计规范	JGJ 25—2000	
19	宿舍建筑设计规范	JGJ 36—2005	
20	住宅设计规范(2003年版)	GB 50096—99	
21	住宅建筑规范	GB 50368—2005	《住宅规范》
22	饮食建筑设计规范	JGJ 64—89	
23	锅炉房设计规范	GB 50041—2008	
24	民用建筑设置锅炉房消防设计规定	DBJ 01—614—2002	《锅炉房防规》
25	汽车客运站建筑设计规范	JGJ 60—99	

	名称	编号	本文引用简称
26	铁路旅客车站建筑设计规范	GB 50226—2007	
27	汽车加油加气站设计与施工规范	GB 50156—2002	
28	城市公共厕所设计标准	CJJ 14—2005	《城市公厕设计标准》
29	10kV 及以下变电所设计规范	GB 50053—94	
30	民用建筑电气设计规范	JGJ 16—2008	
31	城镇燃气设计规范	GB 50028—2006	
32	建筑内部装修设计防火规范	GB 50222—95	《内装修防规》
33	民用建筑外保温系统及外墙装饰防火暂行规定	公通字[2009]46 号	《公通字[2009]46 号文》
34	木结构设计规范	GB 50005—2003	
35	低压配电设计规范	GB 50054—95	
36	城市工程管线综合规划规范	GB 50289—98	
37	民用建筑热工设计规范	GB 50176—93	
38	北京市生活居住建筑间距暂行规定	88 城规发字第 225 号	《225 号文》
39	北京市建筑设计技术细则	市规发[2004]1538 号	《细则》
40	北京地区建设工程规划设计通则 P	市规发[2003]495 号	《495 号文》
41	北京市住宅区及住宅安全防范设计标准	DBJ 01—608—2002	《住宅安防设计标准》
42	北京市建筑工程安全玻璃使用规定	京建法[2001]2 号	
43	建筑安全玻璃管理规定	发改运行[2003]2116 号	
44	住宅建筑门窗应用技术规范	DBJ 01—79—2004	
45	全国民用建筑工程设计技术措施	2009	《技术措施》
46	夏热冬冷地区居住建筑节能设计标准	JGJ 134—2001	
47	居住建筑节能设计标准(北京市)	DBJ11-602-2006	
48	公共建筑节能设计标准(北京市)	DB 11/687—2009	
49	公共建筑节能设计标准(国标)	GB 50189—2005	
50	城市规划基本术语标准	GB/T 50280—98	
51	地下工程防水技术规范	GB 50108—2008	

	名称	编号	本文引用简称
52	城市道路和建筑物无障碍设计规范	JGJ 50—2001	《无障设计》
53	城市居住区规划设计规范（2002年版）	GB 50180—93	
54	屋面工程技术规范	GB 50345—2004	
55	砌体结构设计规范	GB 50003—2001	
56	混凝土结构设计规范	GB 50010—2002	
57	建筑抗震设计规范	GB 50011—2001	《抗震规范》
58	建筑工程建筑面积计算规范	GB/T 50353—2005	
59	建筑玻璃应用技术规程	JGJ 113—2003	
60	玻璃幕墙工程技术规范	JGJ 102—2003	

附录2 国家标准《建筑设计防火规范》管理组

公津建字【2007】92号

关于规范第5.1.9条、第5.3.5条和第5.3.13条有关问题的复函

上海核工程研究设计院：

来函收悉。

本规范第5.1.9条规定，当多层建筑内设置自动扶梯、敞开楼梯等上下层相连通的开口时，其防火分区面积应按上下层相连通的面积叠加计算；当其建筑面积之和大于本规范第5.1.7条的规定时，应划分防火分区。

上述规定不包括敞开楼梯间（一面敞开，三面为实体围护结构的疏散楼梯间），规范对火灾从敞开楼梯间蔓延的情况已有所考虑，其中第5.3.5条第2款规定超过2层的商店等人员密集的公共建筑应设置封闭楼梯间或室外疏散楼梯。考虑到办公楼、教学楼等火灾危险性相对较小场所的使用要求，第5款仍允许该类场所在层数小于等于5层时设置敞开楼梯间，但该敞开楼梯间可以不视为上下层相连通的开口，其防火分区面积可不按上下层相连通的面积叠加计算。

设置敞开楼梯间的建筑物，其楼层的安全疏散距离可以计算到敞开楼梯间的入口。对于敞开楼梯，其梯段长度应计入疏散距离，除第5.3.13条规定的跃层式住宅内的户内楼梯的距离可按其梯段总长度的水平投影尺寸计算外，其他场所设置的敞开楼梯应按其水平投影尺寸的1.5倍计算。

此复。

国家标准《建筑设计防火规范》管理组

2007年11月13日

尊敬的读者：

感谢您选购我社图书！建工版图书按图书销售分类在卖场上架，共设22个一级分类及43个二级分类，根据图书销售分类选购建筑类图书会节省您的大量时间。现将建工版图书销售分类及与我社联系方式介绍给您，欢迎随时与我们联系。

★建工版图书销售分类表（见下表）。

★欢迎登陆中国建筑工业出版社网站www.cabp.com.cn，本网站为您提供建工版图书信息查询，网上留言、购书服务，并邀请您加入网上读者俱乐部。

★中国建筑工业出版社总编室

电　话：010—58337016

传　真：010—68321361

★中国建筑工业出版社发行部

电　话：010—58337346

传　真：010—68325420

E-mail：hbw@cabp.com.cn

建工版图书销售分类表

一级分类名称（代码）	二级分类名称（代码）	一级分类名称（代码）	二级分类名称（代码）
建筑学（A）	建筑历史与理论（A10）	园林景观（G）	园林史与园林景观理论（G10）
	建筑设计（A20）		园林景观规划与设计（G20）
	建筑技术（A30）		环境艺术设计（G30）
	建筑表现·建筑制图（A40）		园林景观施工（G40）
	建筑艺术（A50）		园林植物与应用（G50）
建筑设备·建筑材料（F）	暖通空调（F10）	城乡建设·市政工程·环境工程（B）	城镇与乡（村）建设（B10）
	建筑给水排水（F20）		道路桥梁工程（B20）
	建筑电气与建筑智能化技术（F30）		市政给水排水工程（B30）
	建筑节能·建筑防火（F40）		市政供热、供燃气工程（B40）
	建筑材料（F50）		环境工程（B50）
城市规划·城市设计（P）	城市史与城市规划理论（P10）	建筑结构与岩土工程（S）	建筑结构（S10）
	城市规划与城市设计（P20）		岩土工程（S20）
室内设计·装饰装修（D）	室内设计与表现（D10）	建筑施工·设备安装技术（C）	施工技术（C10）
	家具与装饰（D20）		设备安装技术（C20）
	装修材料与施工（D30）		工程质量与安全（C30）
建筑工程经济与管理（M）	施工管理（M10）	房地产开发管理（E）	房地产开发与经营（E10）
	工程管理（M20）		物业管理（E20）
	工程监理（M30）	辞典·连续出版物（Z）	辞典（Z10）
	工程经济与造价（M40）		连续出版物（Z20）
艺术·设计（K）	艺术（K10）	旅游·其他（Q）	旅游（Q10）
	工业设计（K20）		其他（Q20）
	平面设计（K30）	土木建筑计算机应用系列（J）	
执业资格考试用书（R）		法律法规与标准规范单行本（T）	
高校教材（V）		法律法规与标准规范汇编/大全（U）	
高职高专教材（X）		培训教材（Y）	
中职中专教材（W）		电子出版物（H）	

注：建工版图书销售分类已标注于图书封底。